新型职业农民培育系列教材

U0271926

菜园栽培与管理

罗丕荣　周世兴　马晓红　主编

中国农业科学技术出版社

图书在版编目（CIP）数据

菜园栽培与管理 / 罗丕荣，周世兴，马晓红主编 .—北京：中国
农业科学技术出版社，2016.7（2025.4重印）
ISBN 978-7-5116-2679-0

Ⅰ.①菜…　Ⅱ.①罗…　②周…　③马…Ⅲ.①蔬菜园艺
Ⅳ.① S63

中国版本图书馆 CIP 数据核字（2016）第 167211 号

责任编辑　崔改泵
责任校对　杨丁庆

出 版 者　中国农业科学技术出版社
　　　　　北京市中关村南大街 12 号　邮编：100081
电　　话　（010）82109194（编辑室）（010）82109702（发行部）
　　　　　（010）82106629（读者服务部）
传　　真　（010）82106650
网　　址　http://www.castp.cn
经 销 者　各地新华书店
印 刷 者　北京虎彩文化传播有限公司
开　　本　850mm×1 168mm　1/32
印　　张　7.125
字　　数　170 千字
版　　次　2016 年 7 月第 1 版　2025 年 4 月第 11 次印刷
定　　价　28.00 元

《菜园栽培与管理》
编 委 会

目　录

第一章　菜园植物知识 1

　第一节　植物的构造 1

　第二节　大自然中生命的循环 14

　第三节　人在栽种中应尽的本分 14

第二章　菜园前期准备工作 15

　第一节　园区规划 15

　第二节　常用工具 18

　第三节　土　壤 22

　第四节　水　源 27

　第五节　肥　料 28

　第六节　种　子 42

　第七节　农　药 46

第三章　蔬菜的分类 49

　第一节　蔬菜的习性 49

　第二节　蔬菜的分类 53

第四章　田间管理 55

　第一节　撒种与栽种 55

　第二节　田间管理 70

　第三节　轮　作 76

　第四节　一年农事安排 80

第五章　常见蔬菜栽种 82

　第一节　番　茄 82

第二节　茄　子……………………………………85

第三节　马铃薯……………………………………87

第四节　青椒、辣椒………………………………90

第五节　黄　瓜……………………………………92

第六节　苦　瓜……………………………………94

第七节　丝　瓜……………………………………96

第八节　葫　芦……………………………………98

第九节　南　瓜……………………………………100

第十节　西　瓜……………………………………102

第十一节　豌　豆…………………………………104

第十二节　花　生…………………………………106

第十三节　大　豆…………………………………108

第十四节　常见豆类………………………………110

第十五节　大白菜…………………………………112

第十六节　卷心菜…………………………………114

第十七节　青花菜…………………………………116

第十八节　花椰菜…………………………………117

第十九节　白萝卜…………………………………119

第二十节　辣　根…………………………………121

第二十一节　上海青、小白菜……………………123

第二十二节　芥　菜………………………………124

第二十三节　荠　菜………………………………126

第二十四节　向日葵………………………………128

第二十五节　生　菜………………………………129

第二十六节　芝　麻………………………………131

第二十七节　胡萝卜………………………………133

第二十八节　芹　菜………………………………134

第二十九节　香　菜 ………………………………… 136

第三十节　玉　米 …………………………………… 138

第三十一节　洋　葱 ………………………………… 140

第三十二节　香　葱 ………………………………… 142

第三十三节　韭　菜 ………………………………… 143

第三十四节　大　葱 ………………………………… 145

第三十五节　大　蒜 ………………………………… 147

第三十六节　芦　笋 ………………………………… 148

第三十七节　芋　头 ………………………………… 151

第三十八节　姜 ……………………………………… 154

第三十九节　山　药 ………………………………… 156

第四十节　甘　薯 …………………………………… 158

第四十一节　空心菜 ………………………………… 160

第四十二节　苋　菜 ………………………………… 162

第四十三节　菠　菜 ………………………………… 164

第四十四节　莲　藕 ………………………………… 165

第六章　病虫害防治 ………………………………… 169

第一节　病虫害预防与控制 ………………………… 169

第二节　菜园常见防虫植物 ………………………… 174

第三节　常见蔬菜病虫害 …………………………… 187

第四节　常见益虫 …………………………………… 197

第七章　收获、食用及储藏 ………………………… 200

第一节　收　获 ……………………………………… 200

第二节　食　用 ……………………………………… 202

第三节　储　藏 ……………………………………… 209

附录　常见蔬菜营养及食疗功效 …………………… 213

主要参考文献 ………………………………………… 217

第一章　菜园植物知识

第一节　植物的构造

地球上的植物千差万别，即使在一个小小的菜园里，每种植物也各不相同。但是，大部分的植物，尤其是菜园里的植物，都有着相似的构造。它们都有着根、茎、叶、花、果（种子）等器官。而每一器官，按着上帝奇妙的安排，都对植物的生存、繁衍起到某种作用。

一、植物的根

根：一般指植物在地下的部位。主要功能为固持植物体，吸收水分和溶于水中的矿物质，将水与矿物质输导到茎，以及储藏养分。许多植物的地下构造本质上为特化的茎（如球茎、块茎），根与之不同之处主要在于缺少叶痕与芽，具有根冠，分枝由内部组织产生而非由芽形成。

当种子萌发时，胚根发育成幼根突破种皮，与地面垂直向下生长为主根。当主根生长到一定程度时，从其内部生出许多支根，称侧根。除了主根和侧根外，在茎、叶或老根上生出的根，称作不定根。反复多次分支，形成整个植物的根系。

你见过农民在水稻田里插秧吗？那秧苗的根就像老人家的胡须一般。许多植物，如棕榈、小麦、玉米等，也像水稻一样，长着无数纤细的根，向四面八方伸展。这种根称作须根。

长着须根的植物

另一些植物的根，如胡萝卜、花菜、蒲公英，却不一样。它们长着一条明显的主根，直直地往下生长，主根上又分生出许多侧根，倾斜或水平地伸展。这种根叫直根。

蒲公英的直根

每条根都会长出许多支根，支根又生出许多次级支根。如果把这些根、支根全部连接起来，你猜一猜会有多长？不是几厘米、几米，而是几十千米、几百千米长！比如，一棵黑麦的支根总共有 1 300 万~1 400 万条，如果把它们连接起来，可达 623 千米长！另外，每条根上还长着细小的根毛。一棵植

物的根毛多达140亿条，如果把它们连接起来，总长度可达
9 654千米。

根的构造如下图所示。根的顶端部分称作根冠。根冠非常
坚韧，有钻探能力，能穿透土块，绕过石头，甚至能扎入岩石
的缝隙，寻找和吸收水分和养分。紧接在根冠后面的是生长区，
通过根细胞分裂与增大，不断推动根冠向前进。生长区之后是
伸长区。

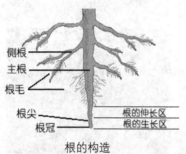

根的构造

根除了能将植物固定在地上，使其不致东倒西歪，还能通
过根毛吸收土壤中的水分和养分，而根毛是通过渗透作用完成
这一任务的。

什么叫渗透作用呢？我们知道煮菜的时候，如果在锅里撒
盐，不一会儿，菜里的水分就会出来，而汤里的盐分也会渗入菜，
直到菜和汤一样咸。这就是渗透作用的缘故，即物质会从高浓
度区向低浓度区扩散，直到两边浓度达到平衡。当土壤中水分
和养分的浓度高于根毛细胞内部的浓度时，养分就会穿过根毛
细胞壁流入根毛。

由于根毛细胞壁的孔隙非常小，只有水分子以及溶解于水
中的矿物质分子才能穿得过，那些不能溶解于水的养料就不能
被根所吸收了。

由于植物的叶子不断地蒸发水分，各部器官不断地消耗养分，一般来说，植物总是从土壤中吸收水分和养分，而不会流失水分和养分。

豆科植物有着非常特别的根。它们的根上长着一些"小瘤"，里面住着根瘤菌。这些微生物能将空气中的氮转换成可溶于水的氮肥，为植物提供养分。

豆科植物的根瘤

二、植物的茎——输液管道

茎：植物体中轴部分。直立或匍匐于水中，茎上生有分枝，分枝顶端具有分生细胞，进行顶端生长。茎一般分化成短的节和长的节间两部分。茎具有输导营养物质和水分以及支持叶、花和果实在一定空间的作用。有的茎还具有光合作用、储藏营养物质和繁殖的功能。茎的分枝是普遍现象，能够增加植物的体积，充分地利用阳光和外界物质，有利繁殖新后代。各种植物分枝有一定规律。有些植物的茎在长期适应某种特殊的环境过程中，逐步改变了它原来的功能，按照茎的变态来分，有茎卷须、茎刺、根茎、块茎、鳞茎、球茎等。

植物的茎里有许多中空的小管子，能把根吸收的水分和养分输送到叶子、花和果实；也能把叶子制造的糖分输送到花、果和根。

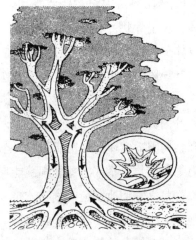

叶子吸入二氧化碳，通过光合作用制造葡萄糖，排出氧气和水蒸气；叶子制造的葡萄糖向下运送到花、果和根；根吸收的水分和养分；根吸收的水分和养分向上输送到叶、花和果。

植物茎的作用

木本植物的茎是坚硬的木质，如各种树木，还有像玫瑰、茉莉之类的花卉。

草本植物的茎是柔软的，如大部分的蔬菜、草药，还有菊花、美人蕉之类的花卉。

还有的植物茎是蔓生的，如南瓜、黄瓜、西瓜、葡萄、豌豆、牵牛花等。

有些植物的茎可以储存淀粉和养分，如马铃薯、芋头、甘薯、山药都是茎的地下部分膨大形成的块茎，而不是根。洋葱、大蒜、百合等植物的茎的地下部分则形成球茎。

有些植物，如仙人掌的茎还能储存水分。

三、植物的叶——神奇的食物制造厂

叶：维管植物营养器官之一。功能为进行光合作用合成有机物，并有蒸腾作用提供根系从外界吸收水和矿质营养的动力。叶片是叶的主体，多呈片状，有较大的表面积，适应接受光照和与外界进行气体交流及水分蒸散。其内部结构分表皮、叶肉和维管束。富含叶绿体的叶肉组织为进行光合作用的场所；表皮起保护作用，并通过气孔从外界取得二氧化碳而向外界放出氧气和水蒸气；叶内分布的维管束称叶脉，保证叶内的物质输导。叶的形状和结构因适应环境和功能而有变态。

地球上只有绿色植物、某些海藻和细菌能自己制造食物，而其他所有生物都是靠它们所制造的食物才得以生存。如果没有绿色植物，地球上所有的人和动物都会饿死。

科学家们已经了解绿色植物制造食物的开始和结束阶段，但对于中间的许多环节还不清楚。

1772 年，英国化学家约瑟夫·普利斯特利发现，绿色植物会产生一种对人和动物有益的气体。7 年后，荷兰物理学家詹·英根豪证明，这种气体只有在日光照射下才产生。后来人们发现，这种气体就是氧气。人和动物都需要呼吸氧气。

那么，绿色植物制造食物需要什么原料呢？1800 年左右，科学家们找到了答案：原料就是水和二氧化碳，而制造工厂就是植物的叶片。虽然绿色植物叶子的形状、大小和叶脉纹路都不一样，但它们的叶片中都含有叶绿素。叶绿素在日光照射下能将水和二氧化碳合成碳水化合物，人们把这一过程称为光合作用。19 世纪中叶，科学家们才确定这种碳水化合物就是葡萄糖，分子式是 $C_6H_{12}O_6$。

光合作用产生的葡萄糖有一部分被转换成淀粉,储存在根、茎和果实中;另一些糖则被转换成纤维素,用来形成植物的纤维。还有一些糖被输送到植物体内各个部分,在那里分解成二氧化碳和水,并释放出能量,供给细胞来完成各种生命所需的工作,这个过程叫呼吸作用。与光合作用正相反,植物的呼吸作用是吸入氧气,呼出二氧化碳,如下图所示。

植物的光合作用与呼吸作用

叶子除了能为植物制造食物外,还有着美丽的脉络以及不同的形状和排列次序,如下图所示。

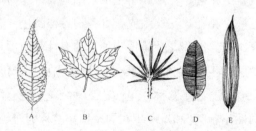

A. 羽状网脉 B. 掌状网脉 C. 直出平行脉 D. 横出平行脉 E. 直出平行脉
叶子的不同叶脉结构

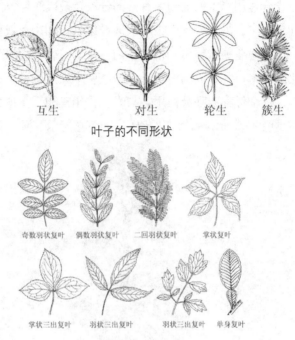

互生　　　　对生　　　　轮生　　　　簇生

叶子的不同形状

奇数羽状复叶　　偶数羽状复叶　　二回羽状复叶　　掌状复叶

掌状三出复叶　　羽状三出复叶　　羽状三出复叶　　单身复叶

叶子的不同排列次序

四、植物的花

　　花具有繁殖功能的变态短枝。典型的花，在一个有限生长的短轴上，着生花萼、花瓣和产生生殖细胞的雄蕊与雌蕊。花由花冠、花萼、花托、花蕊组成，有各种各样颜色，有的长得很艳丽，有香味。这些花朵是植物种子的有性繁殖器官，可以为植物繁殖后代。花用它们的色彩和气味吸引昆虫来传播花粉。一朵花中只有雄蕊或雌蕊称作单性花。一朵花中既有雌蕊又有雄蕊称作两性花。雌花和雄花生在同一植株上称为雌雄共体株。雌花和雄花分别生在两个植株上称为雌雄异体株。

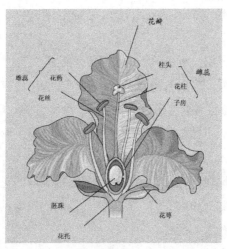

花的构造

植物开花是为了结果，果子里包着种子，种子落在地里，又长起来，这样植物的生命就得以繁衍。这种繁殖方式称作有性繁殖。当然，有些植物也可以用插枝的方法繁殖，或者将其块茎埋在土中来繁殖，这种繁殖方式称作无性繁殖。在人们已知的 35 万余种植物中，有 25 万多种是有性繁殖的。

植物的花是由花萼、花托、花瓣和花蕊等部分构成的。这几个部分都具备的花称作完全花，但许多植物的花并不完全。

花蕊有雄蕊与雌蕊之分。有的植物的花里既有雌蕊又有雄蕊，如桃树、番茄、油菜的花；但有的植物的花里只有雌蕊或只有雄蕊，如玉米、南瓜、黄瓜的花。有的植物是雌雄同株，如玉米、南瓜、蓖麻，一棵植物上既开有雄花又开有雌花；有的植物是雌雄异株，如银杏、桑树、芦笋，一棵植物上只开雄花或只开雌花。

雄蕊顶端是花药，会产生花粉粒。雌蕊顶端是柱头，通过花柱连接着子房。

花的构造：请采一朵花来观察。它是完全花吗？它有雌蕊吗？有雄蕊吗？

柱头会分泌一种黏质，当花粉粒落在柱头上时，就被粘住。于是花粉粒受刺激而长出花粉管，同时在管内发育出两个精细胞。花粉管逐渐伸长，进入胚珠后，一个精细胞与卵细胞结合，形成胚，另一个精细胞与胚珠中其他细胞结合，形成储存营养的胚乳。

蜜蜂、蝴蝶等昆虫，还有风，都能把雄蕊的花粉带到雌蕊柱头上，起到授粉的作用。在蜜蜂、蝴蝶比较少见的地方，人们往往要进行人工授粉。

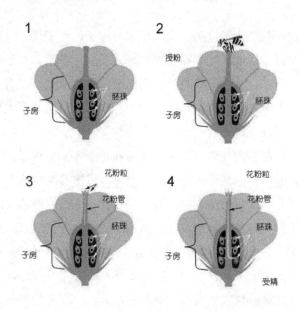

1. 这是一朵有6个胚珠的花；2. 蜜蜂将花粉带到雌蕊的柱头上；
3. 花粉粒伸出花粉管进入子房；4. 花粉管进入胚珠，使胚珠受精，形成种子。
图中只画出了一个胚珠的受精，其他也一样

花的受精过程

五、植物的果实

果实：被子植物的花经过传粉、受精后，由雌蕊或有花的其他部分参加而形成的具有果皮及种子的器官。仅由雌蕊子房形成的果实称"真果"；由子房与花托或花被等共同形成的称"假果"。果实的类型很多，一般可归纳成三类：由一朵花中的单个雌蕊的子房形成的果实称"单果"；由一朵花中的数个或多个离生雌蕊的子房及花托共同形成的称"聚合果"；由整个花序许多花的子房形成的称"聚花果"或"复果"。

六、植物的种子

种子：由植物的胚发育而成的颗粒状物，能萌发成新的植株；一般植物的种子由种皮、胚和胚乳3个部分组成。种皮是种子的"铠甲"，起着保护种子的作用。胚是种子最重要的部分，可以发育成植物的根、茎和叶。胚乳是种子集中养料的地方，不同植物的胚乳中所含养分各不相同。种子分类：有胚乳种子，无胚乳种子。传播方式：自体传播，风传播，水传播，鸟传播，蚂蚁传播，哺乳动物传播。豆类种子的构造见下图。

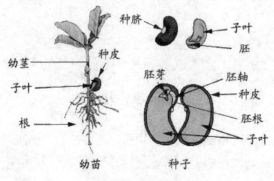

豆类种子的构造

　　成熟的种子由种皮、胚和胚乳组成。胚由胚根、胚芽、胚轴和子叶组成。有的植物种子有胚乳，如玉米、小麦、水稻等。有的植物种子的胚乳退化，其中的营养物质转移到子叶中，如豆类。

　　种子在适宜的温度、湿度下，就会发芽生长。先是胚根生出往下扎，继而胚芽伸出往上长，冒出地面后长出幼叶、幼茎，形成幼苗。

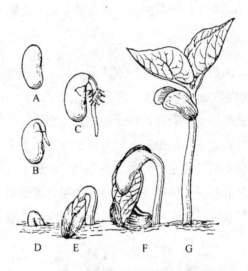

A．一粒大豆种子　B．种皮破裂，胚根生出　C．胚根向下生长，并长出根毛　D．胚轴拱出地面　E．胚轴伸直延长，牵引子叶出土　F．胚芽长大　G．胚轴继续伸长，两片胚芽张开，幼苗长成

大豆种子萌发过程

　　胚乳或子叶里储存着营养物质，是种子的"奶瓶"。种子在发芽生长初期所需的营养物质都是由胚乳或子叶供给的，直到根长大能从土壤中吸收水分和养分。

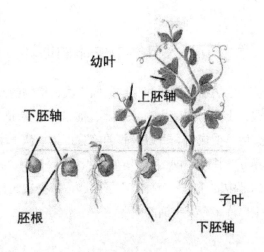

豌豆的发芽过程

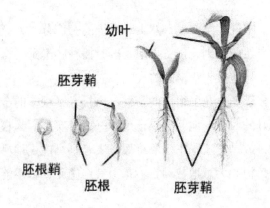

玉米的发芽过程

观察种子的构造：将黄豆或蚕豆的种子用水浸泡一夜，等种皮破裂后，掰开两瓣子叶，认一认哪里是胚芽，哪里是胚根，哪里是胚轴。

第二节　大自然中生命的循环

人和动物吃植物，粪便和尸体归回土壤，植物的残枝落叶也归回土壤；土壤中的微生物、真菌、蚯蚓将这些动、植物的残体腐化分解，变成植物可以吸收的养分；植物从土壤中吸收水和这些养分，长大，供给人和动物食用。

这个循环中的任何一个环节出了问题，都会造成整个系统的紊乱，生出许多令人头痛的问题。

第三节　人在栽种中应尽的本分

光、空气和雨露是自然生态系统的一部分，人应当学习和遵循大自然的法则，预备土地，按时播种，辛勤耕耘，细心照料，才能从地里收获丰富的收成。

许多人似乎花了很大的力气，也投入了很多的金钱，却没有取得好的收成。他们抱怨土地不好，其实是因为自己功夫下得不够，或是方法不正确的缘故。人若马马虎虎地耕耘，不按时撒种，粗心大意地栽种，不花力气地施肥，就不能从地里得到什么。

第二章　菜园前期准备工作

第一节　园区规划

一、什么时候规划

您一定记得有句俗语，"一年之计在于春"吧。这并不是说，在春天的时候才开始规划菜园，而是要在前一年就开始规划。

春天是个忙碌的季节，要犁地、翻地，然后要把许多的蔬菜接连着种下。如果等到春天才开始规划恐怕是太迟了，因为那时有太多的事要赶着做了。另外，菜园土壤整理也要提前进行。所以，"一年之计在于春"的意思是说，春天做的事好不好很关键，因为它决定着一年收成的好坏。春天育苗没育好，没撒好种子，一年的收成就没了。

所以，不要等到春天才开始计划，要在秋季和冬季就为来年做好计划。秋季收获完，心情愉快，一直到冬天，没有什么事情要赶着做，所以时间比较充裕，慢慢地想、不断地修改来年的计划。在深秋的晚上，当外面寒风呼啸的时候，一家人围坐在饭桌旁，爸爸妈妈和孩子们一起讨论一下明年要种什么、地怎样分配，每个人都贡献自己的想法，这是多么快乐的事！拿支笔，拿几张白纸来，把想法画出来，不断地修改，直到每个人都心满意足，对来年充满憧憬和盼望，这有多么从容！

规划好了，就要预备种子、肥料。另外，冬季也是保养和修理农具的时候。有了这些准备，开春的时候，方能从容不迫地播种与栽种，盼望好收成。

二、基本原则

首先要选择好菜园的地点。大部分蔬菜都需要充分的日照才能长得好，再好的肥料也不能弥补日照的不足。所以菜园一定要选择在向阳的地方，周围没有什么树木遮挡。篱笆树的根系非常发达，所以要离菜地远一些。另外大部分蔬菜不喜欢把根浸泡在水里，所以菜园不要做在低洼的地方。另外，也要考虑是否方便浇水和管理。最好离住的地方近一些，这样可以天天在菜园子里走走看看。

选好了地点，就要根据地形和位置把地分成几大块。除了用于种菜的空间外，还需要安排育苗场地、制作堆肥和放置肥料的场地，如果菜园里没有水源，你可以挖一个储水的池子。育苗场地要向阳和背风，也要比较通风，以免滞瘴的空气引发病虫害。

接下来考虑怎样使用种菜的空间。

你可能需要把特别喜湿的蔬菜种在水源旁边，而耐旱的蔬菜则种在离水源最远的地方。中间种上一般的蔬菜。

高的蔬菜要种在北边，矮的蔬菜种在南面，使菜与菜之间不会互相遮挡阳光。

如果你的菜园四周有篱笆，你可以把蔓生豆类、山药、黄瓜之类的蔓生蔬菜种在篱笆边上，让它们爬到篱笆上。

接下来，考虑菜畦的形状。菜畦可以是长条的，也可以是方块的，或者其他你喜欢的形状。不过，不管是什么形状，总要考虑从四周能不能够得着中间的菜。菜畦与菜畦之间要留出通道，通道的宽窄以方便走动和操作为宜。

现在你可以拿出一张纸来，把菜园大致的布局画下来。在图上标出，哪一类菜种在哪一块地方。

菜园规划示意图

接下来需要考虑轮作。画出菜园的轮作图来。

然后可以考虑在蔬菜中种上一些草药和花卉，不但可以让蔬菜长得更好，也可以使菜园更加美丽。我们需要了解哪些蔬菜喜欢和哪些草药和花卉种在一起。你可以参考附录中《菜园常见防虫植物》和《常见益虫资料》，决定种些什么花卉和草药以及种在哪里。

最后，要根据自己的审美观念，再做一些调整和修改以及细节的安排。

总之，这是你大胆地发挥想象力和创造力的时候。在纸上画出美好设计，然后付诸实现，这也是园艺的乐趣之一。

第二节　常用工具

即使我们怀着满腔热忱开始园艺劳作，如果我们使用的工具又粗笨又沉重，恐怕没干几天，我们心里就会感到厌烦了。

许多时候，一件笨重不合用的工具会使我们对工作产生憎恶之感，而一件可爱好用的工具却会使我们把本来不怎么喜欢的工作做得津津有味。孩子们尤其如此。其实，长辈们经常责骂孩子们懒惰，却往往没有考虑到给孩子们用的工具既不合适他们的身高，也不合适他们的体力。

我曾经认识几个孩子，他们的父母带他们去买铁锹时，明智地为他们选择了小号的铁锹头，并为他们特别配置了适合他们高矮的木柄。孩子们拿到铁锹欢天喜地，从此那铁锹就成了他们爱不释手的宝贝，只要一有空，他们就拿出来挖地！

所以在购买园艺工具时，一定要考虑使用者的体力与身高，不要买太大太沉重的，尤其是给孩子们买的工具，一定要小巧可爱些。

另外，工具的质量也是非常重要的。没有人喜欢用一把会常常脱柄的锄头，或是一用劲就卷刃的铁锹。与其买一大堆用不了多久的工具，不如只买几样必需却十分好用的工具。

其实，一开始时我们并不需要买很多工具，只要买几件必需的就可以了，其余的等以后觉得非常需要了再逐渐添置。这样，就可以花不多的钱，却能买到称心如意的工具。

那么，一开始时，需要买哪些工具呢？

锄头　广泛用于中耕、除草，修筑小垄，开条播沟，挖穴、盖土、碎土、培土、镇压、拉秧（刨茬）等作业。为适合蔬菜高密度种植及下蹲干活、近距离作业的需要，除长把锄头外也常采用短把小（手）锄，为小菜园必备农具之一。

锄头

铁锹、铁锨　广泛用于小面积的翻地、整地、平地（去高填凹）、做高畦，开挖栽植坑、播种扬土（覆细土），堆肥、撒肥，修筑灌、排水垄沟、浇水（改口子），培土，收获（挖地下根茎）等作业，是小菜园不可或缺的必备农具之一。

铁锹、铁锨

平耙　专用于细致平地，如平扇地（前后左右垄沟间的地扇——种植小区），平畦、平沟，也可用于除草、碎土、镇压等作业，为小菜园必备的农具之一。

　　大镐　主要用于小面积较坚硬土地的刨地、开沟，起垄、培土修筑灌排水垄沟，修筑畦埂等作业。

平耙　　　　　　　　　　大镐

　　花铲　专用于育苗床各种蔬菜幼苗的分苗、起苗，大田定植时挖穴、栽苗等作业，为农田小菜园必备的农具之一。

花铲

　　镰刀　俗称割刀，多用于稻麦的收割。20 世纪 50 年代受苏北、山东大镰刀影响，刀体、刀柄稍有加长，菜园地常用来作为蔬菜拉秧时清秧、除茬的工具。

　　耙子、叉子　常用的有竹耙、铁丝和铁耙子。多用于散开、摊匀晾晒的种子，归拢清园时的柴禾、杂草，或平整土地时清

除土面的杂物、碎砖瓦块等作业。叉子主要用于清洁园田时归
拢杂草、堆草秸、堆肥沤肥等作业。

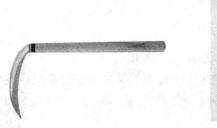

镰刀

耙子、叉子

喷雾器　进行病虫害防治、叶面喷肥和喷生长素时必备的
农具。

移动式喷雾器

喷水壶　用来浇水。

喷水壶

园艺手套、草帽　用来保护手和头及防晒。

草帽、园艺手套

　　其他生产资料还包括用于搭架的架材和搭建小拱棚的竹片、细竹竿或钢筋等；小拱棚覆盖和地面盖的草席（草苫）、农用塑料薄膜和地膜等。

　　开始时有这几样工具就足够了，等以后如果必要，你或许还要逐渐添置：手推车、剪枝刀、镐、不同规格的锄头和铁锹、叉子、柴刀等更多的工具。

　　工具需要好好保养才能用得久并一直好用。

　　每次收工时，要养成习惯把工具清洗干净，收拾起来，不要放在露天过夜，以免铁器生锈、木柄腐烂。冬季农闲时，要把工具检查一遍，该修理的修理，该上油的上油，该上漆的上漆。铁器的锋刃要用油布擦亮，转动的轮轴要上油润滑，把柄脱落的要重装，部件损坏的要更换。这样，第二年拿出来用时，就好像又是新的一样了。

第三节　土　壤

一、土壤知识

1.土壤的基本成分

土壤的基本成分是沙子、黏土和腐殖质。

腐殖质是什么呢？如果你到树林中或山上散步，找一处树木繁茂、泥土肥厚的地方，拨开表面的落叶，就会看到底下一层黑色纤维状的土，用手抓一把，感觉很松软，这就是腐殖质了。腐殖质，就是动植物残体腐化分解后形成的物质。

沙子、黏土与腐殖质含量相等的土壤叫壤土。

含沙子较多的土壤叫沙壤土。

含黏土较多的土壤叫黏壤土。

含腐殖质较多的土壤叫腐殖土。

2. 理想的土壤

土壤要有好的排水性、保水性和透气性，并富含植物所需的养分，植物才能长得好。理想的土壤由等比例的沙子、黏土和腐殖质混合而成。应当让花园或菜地里的土壤组成接近这个比例。

3. 土壤中的生命

土壤不是死的，而是有生命的。土壤中有大量的微生物、真菌、抗生素、蚯蚓等微小生物，它们就是土壤的生命。

土壤中的微生物与真菌将动植物的残体腐化分解，变成植物可以吸收的养分。如果没有它们，植物就会饿死，人和动物也会灭亡，而地球就会成为一个巨大的垃圾堆了。

土壤中有些微生物和真菌与植物的根有着共生的关系。它们能够帮助根更好地吸收养分，或者为根制造某种养分，或是帮助植物生长得更健康。菌根、真菌和根瘤菌就是这一类型的微生物。

土壤中还生存着许多的致病病菌，同时也生存着许多像青霉素、链霉素和短杆菌肽之类的抗生素。这些抗生素就像土壤卫士一样，与病菌作战，保护着植物的健康，从而也保护着人与动物的健康。

土壤中还有许多的蚯蚓。它们在土壤中钻洞穿行，吞食泥土，使得土壤透气、透水。它们还能分解有机质、杀死病菌和野草籽。蚯蚓排泄物还是上好的有机肥呢。因此国外的有机园艺师们大量繁殖蚯蚓，来改良土壤，防治病虫害，收到极好的效果。他们也常用蚯蚓来帮助制造堆肥。

化肥和农药会杀害这些土壤中的微小生命，没有了它们，土壤就会失去活力和抗病能力，变得贫瘠，病虫害也络绎不绝了。人长期吃化肥、农药栽培的植物，也容易生病。

4.土壤的酸碱性

由于雨水和腐烂的有机质都呈酸性，所以自然状态下，土壤是呈微酸性的。

大部分植物在微酸性或中性的土壤中生长得最好，但有些植物却要在偏碱性的土壤中才能长得好，另一些植物则喜欢酸性较大的土壤。因此必须了解各种植物的不同需要，也要知道你自己园中土壤的酸碱性。

用石蕊试纸可以粗略的测出土壤的酸碱性。取些土壤放在杯子里，加水（水必须预先测试过是中性的），振荡摇匀，待沉淀后，将石蕊试纸放入。如果蓝色试纸变红，说明土壤是酸性的，如果红色试纸变蓝，说明土壤是碱性的，如果试纸颜色没有什么变化，说明土壤是中性的。

如果要测出土壤确切的酸碱度，可以用 pH 试纸。石蕊试纸和 pH 试纸都可在化学用品商店中买到。

pH 值是酸碱度的度量，7 为中性，低于 7 为酸性，数值越小说明酸性越大；高于 7 为碱性，数值越大说明碱性越大。

如果土壤太酸，可撒石灰石粉（主要成分是碳酸钙）来矫正。要使 pH 值上升 0.5~1，每平方米需撒石灰石粉约 250 克（半斤左右）。如果撒苦土石灰，用量也相仿。

如果土壤过碱，可撒天然硫黄矿石粉来调整。要使 pH 值降低 0.5~1，每平方米需撒硫黄矿石粉约 25 克（半两左右）。

一般有机质，如粪便、棉籽、锯木屑、落叶等，腐烂后都会产生酸，另外雨水也会使土壤变酸（因为将土壤中的钙冲走），所以最好三年要测试一次土壤，决定是否需要撒石灰石粉来调整土壤酸碱度。

草木灰也是碱性的。石灰石粉见效比较慢，但肥效比较长，而草木灰见效比较快，肥效却比较短。

农田小菜园不论规模大小，土壤质指标都应符合《国家土壤环境质量标准》中对蔬菜地的要求（表2-1）。土壤环境质量标准值，是为获取清洁无污的蔬菜产品，不违背建立小菜园初衷的最重要的条件之一。

表2-1　　　国家土壤环境质量标准值

（单位：mg/kg）

项目 级别 土壤pH值		一级 自然背景	二级 <6.5	二级 6.5	二级 >7.5	三级 >6.5
镉	≤	0.20	0.30	0.60	1.0	
汞	≤	0.15	0.30	0.50	1.0	1.5
砷 水田	≤	15	30	25	20	30
砷 旱地	≤	15	40	30	25	40
铜 农田等	≤	35	50	100	100	400
铜 果园	≤	—	150	200	200	400
铅	≤	35	250	300	350	500
铬 水田	≤	90	250	300	350	400
铬 旱地	≤	90	150	200	250	300
锌	≤	100	200	250	300	500
镍	≤	40	40	50	60	200
六六六	≤	0.05		0.50		1.0
滴滴涕	≤	0.05		0.50		1.0

注：①重金属(铬主要是三价)和砷均按元素量计，适用于阳离子交换量
>5cmol(+)/kg的土壤，若≤5cmol(+)/kg，其标准值为表内数值的半数。
②六六六为4种异构体总量，滴滴涕为4种衍生物总量。
③水旱轮作地的土壤环境质量标准，砷采用水田值，铬采用旱地值。

二、菜园土壤的管理

对于你准备建立农田小菜园的土地，不管它面积有多大，它们都应当尽量达到下列的要求。

1. 地面平整

蔬菜需水量大，要种菜就得浇水，正如俗话所说："水菜、水菜，不浇水哪儿能得菜"。但蔬菜也很怕长时间积水。因此，小菜园的地势应基本平坦，尽量减少土坡、土包及土坑、洼沟。只有这样菜地才能畅通地浇水，顺当地排涝，才能及时做到"旱能浇，涝能排"。

2. 土层深厚

"根深才能叶茂"。要使蔬菜扎好根，土壤的耕作层一般应达到一铁锹的深度(25厘米以上)。若土层过薄，可以加"客土"，即从别的地方取土垫厚土层。

取土时应取干净的土壤，例如，从种大田作物的农田中或撂荒地中取土，不要从老菜园取土，因为老菜园土壤中含有大量能使蔬菜得病、生虫的病原菌和虫卵，容易通过垫土再次传给小菜园。

3. 肥沃疏松

蔬菜依靠根系从土壤中吸取营养和水分进行生长，因此，要求土壤肥沃，富含氮、磷、钾等矿质营养元素；具有适合根系生长的良好土壤环境，富含有机质，土质较疏松，沙黏适当，

下雨或浇水后土面板结程度较轻，具有较强的保水、保肥能力以及良好的排水、通气和供肥能力。总体来说，适宜蔬菜种植的土壤以壤土、沙壤土或黏壤土为好。

土质过沙、过黏或肥力贫瘠的土壤可采取多施有机肥、掺草炭、掺沙子等措施逐步加以改良。

4. 酸碱（pH 值）适中

大多数蔬菜作物适宜在弱酸性和中性的土壤上种植，只有少数比较耐碱；所以 pH 值在 6.5 ~ 7.5 的范围内的土壤一般蔬菜都能正常生长（华北地区土壤 pH 值通常稍大于 7）。土壤过酸或过碱都会影响蔬菜的生长发育。

土壤酸碱可用石蕊试纸或 pH 试纸测定，如土壤太酸，可撒石灰粉或草木灰矫正，如果过碱可撒天然硫黄矿粉来调整，一般有机质如粪便、木屑、落叶等腐烂后产生酸。

5. 干净清洁

为获得优质的蔬菜产品，对小菜园土壤中含有妨碍蔬菜生长的碎砖、瓦块、石子、废残塑料膜块等杂物，必须予以清除。如若杂物较多，尤其是面积较小的菜园，也可以用粗筛将耕作层的土壤全面过筛一遍。更重要的是土壤必须清洁无污染，不受工业废水、废气、废渣和城市污水、垃圾、废物的污染，并远离污染源。

第四节　水　源

种植蔬菜必须经常进行灌，用水较大，因此小菜园最好要有自己独立的水源。

一、水源选择

一般可选择自来水、井水、河水，也可用中水。中水是指城市污水经无害化处理后，达到农田灌溉水指标要求，可用于农田灌溉的再生水。

若供水较紧张，也可设置储水罐，先行蓄水。

二、水质要求

少用雨水、死水（缺氧），尤其在高温闷湿夏季，灌溉用水必须清洁、无污染。

第五节　肥　料

植物生长发育需要养料，正如人需要食物一样。植物所需的养料一部分来自空气，另一部分则来自土壤。土壤中的养料需要不断加以补充，才能源源不断地供给植物生长所需。因此我们必须给植物施肥。充足而优良的肥料能使植物长得健壮。

一、植物生长所需的营养元素

1. 植物生长所需的化学元素

植物正常生长需要许多种化学元素，其中大量需要的有：碳(C)、氢(H)、氧(O)、氮(N)、磷(P)、钾(K)、钙(Ca)、镁(Mg)、硫（S）等。

碳、氢、氧主要来自空气和水，其余元素主要来自土壤。空气中虽然含有大量的氮，可是只有豆科植物借助根瘤菌才能吸收利用，其他植物只能从土壤中吸收溶于水的氮。

碳、氢、氧是构成糖和淀粉的元素，而糖和淀粉是植物的

"食物"，是植物建造身体的材料，以及生长所需能量的来源。

除了碳、氢、氧以外，植物对氮、磷、钾的需要最多，需要经常补充；其次是钙、镁、硫，一般土壤中的含量已经足够，不需要专门补充。

氮能促进植物生长，使植物枝叶繁茂，青葱翠绿。

磷能促进植物成熟，开花结果，还能使植物根系发达。

钾能帮助植物制造和储存淀粉、糖分、油脂和蛋白质，还能提高植物抗旱、抗寒和抗病能力。

钙使植物枝茎长得健壮结实，并能中和土壤中过多的酸，促进微生物和蚯蚓的活动。

除此之外，植物还需要少量的铁 (Fe)、锰 (Mn)、锌 (Zn)、硼 (B)、铜（Cu）、钼（Mo）、氯 (Cl)、镍（Ni）等元素，这些元素我们称之为微量元素。

微量元素有的能帮助植物长得更结实，有的能增强植物的抗病能力，有的能促进土壤中微生物的活动，有的能帮助植物更好地吸收其他元素，有的能代替土壤中所缺其他元素的作用。

土壤的酸碱性会影响植物对某些元素的吸收。有时，植物表现出缺乏某种元素的迹象，其实并不是土壤中缺乏这种元素，而是因为土壤过酸或过碱，造成植物不能吸收这种元素。例如，当 pH 值接近 8 时，硫、铁、锰等元素都很难被植物所吸收；而 pH 值在 4.5 或更低时，钙、镁、磷则不易被植物吸收，有毒的元素却变得易于被吸收。

落叶、干草、天然矿石粉和海藻等天然肥料里都含有多种微量元素。

除了这些元素外，植物还需要别的化学元素吗？这个问题，以及各种化学元素的作用还有待人们做更多的研究。

　　土壤的酸碱度与植物吸收化学元素的关系如下图所示。大部分蔬菜生长适宜的 pH 值在 5.5~6.8。

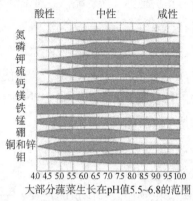

大部分蔬菜生长在pH值5.5~6.8的范围

土壤的酸碱度与植物吸收化学元素的关系图

2. 植物所需化学元素

　　氮是组成蛋白质、酶、核酸、叶绿素和其他重要生命物质的基本元素。氮能使植物枝叶繁茂，青葱翠绿，发旺生长。植物缺氮，会长得弱小，老叶先变黄，甚至脱落，新叶长得又小又黄。如果过量，则造成植物异常高大，推迟花期，果实品质降低，抗病能力变差，谷物类植物则容易倒伏。豆科植物能把空气中的氮转化成为可吸收的养料。因此豆科植物以及它们的残梗可以做氮肥。另外，粪肥里也富含氮。落叶、棉籽、干血、羽毛、毛发等天然肥料也都含有较多的氮。

　　磷是组成细胞内遗传物质的重要元素，因此是植物开花、结果、结籽所必需的元素。磷还能促进植物根系生长，增强植物的抗病能力。植物如果缺磷，会发育不良，从老叶起先是叶脉由红变紫，严重时叶和茎，谷物甚至连谷粒，都会出现紫色；推迟成熟，花果减少，不熟自落，种子干瘪不育。土壤酸性太强，会造成植物对磷吸收不良。磷灰石粉、骨渣、鸟粪、碱性熔渣（或称托马斯磷肥）、草木灰等天然肥料里都含有磷。

钾是植物体内许多化学反应所必需的元素，它帮助植物吸收和平衡其他元素，调节水和空气的流通。钾还能帮助植物制造和储藏淀粉、糖、油脂和蛋白质，增强植物的抗旱、抗寒和抗病能力。植物如果缺钾，会发育不良，从老叶起，先是叶尖变黄，继而叶子边缘变焦，最后干枯脱落，果实减少，且品质降低，根系瘦弱。花岗石粉（含钾长石）、海绿石砂、海藻、草木灰等天然肥料都可做钾肥。不过，过量钾会阻碍植物吸收其他元素。

钙是构成细胞壁的元素。钙能使植物的枝茎长得结实、牢固，使根毛和幼芽长得好。它还能中和过多的酸，起到调节酸碱平衡的作用，促进豆科植物的根瘤生长，促进土壤中微生物和蚯蚓的活动和繁殖，使植物更好地吸收钾、硼和镁等元素。植物缺钙会造成枝干开裂，根系瘦弱，幼叶翻卷，老叶打皱，幼芽枯死。石灰石、白云石、草木灰、骨渣、牡蛎壳等天然肥料中都含有较多的钙。

镁是组成叶绿素细胞核的重要元素。它能帮助植物吸收氮、磷、硫等元素。植物缺镁，从老叶起叶脉间出现黄色斑点，然后变成橙色，最后变焦，枯干凋落。白云石、玄武岩石、落叶、锯木屑、骨渣、棉籽等天然肥料中都含有镁。

硫是组成蛋白质和某些氨基酸的元素，它也促进植物体内的许多化学反应。硫是使洋葱科植物和某些十字花科植物发出特殊气味的元素。它也能中和土壤中过多的碱，起调节酸碱平衡的作用。植物缺硫，老叶、新叶都会变黄。一般来说，雨水中含的硫已足够植物用了。

铁是许多酶的组成元素，也是光合作用所必需的元素。它还能影响某些植物花的颜色。植物缺铁，叶子从幼到老会出现黄斑，但叶脉和边沿仍是绿色。玄武岩石、海藻中含有铁。

硼协助糖分和水在植物体内的运送，也是细胞的组成元素之一。植物缺硼会造成幼芽褪色死亡，果实变形，核心焦枯，根的中心也会变焦枯。

锌是许多酶的组成元素，它帮助植物调节荷尔蒙的平衡，尤其是生长素的活动。植物缺锌会造成新叶小，幼芽少，叶子上出现死斑，形状扭曲。

氯是光合作用所必需的元素。它也能中和过多的碱，起调节酸碱平衡的作用，还能保护细胞免受病菌的感染。

铜也是光合作用所必需的元素。植物缺铜会造成叶子褪色，变得细长，幼芽死亡。

锰参与植物体内许多的化学反应，而且是制造叶绿素所必需的元素。植物缺锰会造成叶脉变白，叶子上出现死斑，植物矮小。

海绿砂石、碱性熔渣和海藻里都含有多种微量元素。

人类的化学工厂都是吞云吐雾的庞然大物，而且每天不知要排泄多少的废气、废水和废物到周围的环境中。上帝所创造的每一株植物都是一个奇妙的化学工厂，在这里每天都发生着无数的化学反应，其复杂程度是人类任何化学工厂都望尘莫及的。它们每天不仅制造出维持所有生命的粮食，还清洁着我们的空气和土壤，用它们的青枝绿叶和芳香美丽的花朵装扮着大地。

二、化肥

既然我们知道了植物生长需要哪些化学元素，我们可不可以将这些元素用化学的方法合成制成肥料呢？

化肥以及后来的农药、生长激素的发明，的确给农业带来了巨大的变革。但经过这一百多年的实践，人们开始怀疑，这种变革给人类带来的到底是福惠还是灾难呢？

在各地，人们都发现，虽然撒几袋化肥就可以使庄稼长得又快又大，但是，种出来的蔬菜、水果品味却大大降低，而且容易遭受病虫害的侵袭。病虫害的增加，又使人们越来越多的使用农药，严重的危害到人和动植物的健康。

为什么会这样呢？

传统的天然肥料，像畜粪、禽粪、稻秆、落叶、草木灰等，埋到地里后就腐化分解，变成腐殖质。腐殖质不但含有丰富的养料，还能使土壤疏松透气；腐殖质还能促进微生物和蚯蚓的滋生，而微生物和蚯蚓又能腐化分解更多的天然肥料，这样土壤就越来越肥沃。植物在肥沃的土壤中生长，就会长得很健壮。正如健康的人不容易生病那样，健壮的植物也不容易受病虫害的侵袭。另外，天然肥料中的养料很全面，而腐化分解是个缓慢的过程，植物就可以慢慢地吸收各种养料。这样植物虽然长得慢一些，各部组织却能得到均衡的发育，因而长得更健康，滋味也更香浓。

但是化肥埋进土里后，却永远不能变成腐殖质。没有了腐殖质，土壤就变得坚硬板结，微生物和蚯蚓也难以生存，因此越变越贫瘠了。在贫瘠的土壤中生长的植物，容易遭受病虫害的侵袭。另外，化肥很容易溶解于水，被植物吸收，使植物很快就长大。可是，化肥只含有一些促使植物长大的主要元素，却不含其他许多为植物所需的微量元素，如那些能帮助植物抗病的元素，那些能使植物更加香甜可口的元素等，所以植物虽然看起来长得很快，却容易遭受病虫害侵袭，口味也不好。

有多少的理论，曾轰动一时，被人们当做革命性的进步，后来却渐渐显出漏洞和破绽。然而，当人们发现错误时，往往已经蒙受了极大的损失。

三、天然肥料

在化肥发明以前，几千年来人们一直使用着天然肥料。大自然本身为我们提供了丰富的肥料，足以提供植物所需的一切元素。

常见的天然肥料有：畜粪、禽粪、鸟粪、鱼粪、骨渣、落叶、干草、草木灰、锯木屑、棉籽、糠秕果壳、庄稼残梗、海藻、各种绿肥、碱性熔渣、泥炭苔，以及各种天然矿石粉。

各种粪肥都含氮、磷、钾，其中氮素为主要肥料成分。另外，鸟粪、禽粪中还含有丰富的磷，羊粪中含丰富的钾。

骨渣中主要含钙和磷，也含有少量的氮。

落叶中含有氮、磷、钾，还含一些钙、镁和多种微量元素。落叶腐烂后呈酸性，因此非常适合给那些喜酸性土壤的蔬菜做覆盖物。

棉籽中含氮量很高，也含有少量的磷和钾。棉籽偏酸性，对那些喜酸性土壤的蔬菜，棉籽是极佳的覆盖物。

糠秕果壳可作极好的覆盖物，它们含有一些钾、氮和其他元素。

豆科植物的残渣（如豆渣、花生渣等）、残梗含氮量很高。豆科绿肥含氮量也很高。

干草除了含有一些氮，还含有一些微量元素。

泥炭苔本身不含什么营养，但是有很好的吸水性，能增加土壤透气性、排水性，并能帮助植物更好地吸收养料，因此是极好的覆盖物，也可用来配制育苗土。

锯木屑单独施用会使土壤变酸，另外腐化时需要吸收土壤中的氮，所以要与粪肥和石灰石粉一起施用。最好把锯木屑撒在畜棚或禽房地上，一来可以使地面保持干燥清洁，二来粪尿可以提供锯木屑腐化分解时所需的氮。

海藻中含有丰富的钾和多种微量元素。不过一定要先把海藻上的盐分洗去，才能做肥料。

草木灰中含磷和钙。可用来中和土壤中过多的酸。

碱性熔渣又称托马斯磷肥，主要含钙、磷，还含有硼、钠、钼、铜、锌、镁、锰、铁等微量元素。

天然矿石中，磷灰石粉可做磷肥；海绿石砂富含钾，还含有多种的微量元素，还有很强的吸水性；石灰石含钙量很高；天然硫黄矿石含硫；花岗岩石中主要含钾、钠、钙、铝硅酸盐，可以提供钾、钠、钙等元素；玄武岩石主要含铁、镁、钙硅酸盐，可以提供铁、镁、钙等元素；白云石主要含钙、镁碳酸盐，可提供钙和镁。

花岗岩石、磷灰石、海绿石砂等天然矿石粉的推荐用量是，每平方米共施 500~750 克。由于天然矿石粉的溶解度很低，所以一般不用担心过量。石灰石粉和硫黄矿石粉是用来调节土壤酸碱性的，用量要适当。

另外，矿石粉和粪肥一起施用会更有肥效。因为粪肥腐烂分解后产生的腐殖酸，能从矿石粉中溶解释放出植物生长所需的元素；而矿石粉则能促进土壤中微生物的活动，加快粪肥的腐烂分解，释放出其中的养分，供植物吸收。

天然肥料的施用方法如下。

撒播　每年栽种前，把肥料撒在田里，翻耕入土，然后开始一年的栽种。

作基肥　在栽种前，把土掘开，将肥料埋在土中，上面盖上土，再在上面撒种栽种。蔬菜长起来后，根就会从埋在下面的肥料里吸收养料。不过要注意肥料不要和种子直接接触，以免幼根被肥料所伤。

作追肥　栽种之后，往往还需要再给蔬菜施两三次肥。可以在蔬菜行列旁挖一条浅沟，将肥料埋入，盖上土，浇水。沟不要距菜太近，不要碰到菜根。

作液肥　液肥浇菜，见效非常快。不过浓度要适宜，不然容易造成烧伤。如果浓度比较高，浇完肥后，一定要再用清水洒一遍，以免造成烧伤。

四、堆肥

1. 堆肥的基本做法

堆肥制作是有机园艺的基本技术。国外许多有机农场主成功有两个秘诀，一是有专门做堆肥的场所，二是有专门饲养蚯蚓的地方。

自阿伯特·郝德发明堆肥做法到今天，已经有了许多改进的做法，但基本的方法还是一样的。

首先要选择一个不会积水的土地。然后开始一层一层往上堆积肥料。肥堆要做在泥土上，和土地接触，这非常重要。

肥堆的理想高度为1.5米，宽度为1.5~3米，长度则不限。

首先，在地面上铺一层约为15厘米厚的"绿色肥料"。"绿色肥料"指落叶、枯草、果皮、菜叶、庄稼残梗之类的肥料。

然后在上面铺一层约为5厘米厚的"棕色肥料"。"棕色肥料"指畜粪、禽粪、棉籽、豆子等含氮量很高的肥料。

再在上面撒一层薄薄的腐殖土、草木灰。草木灰也可用石灰石粉或苦土石灰代替。

这就堆好了第一层。接着开始堆第二层,方法和第一层一样。

这样一层一层地堆上去,堆到大约 1.5 米高为止。然后在上面盖上一层厚厚的草或者土,以减少水分蒸发。

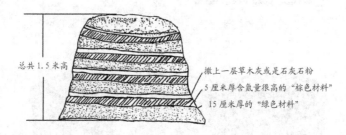

总共 1.5 米高

撒上一层草木灰或是石灰石粉
5 厘米厚含氮量很高的"棕色材料"
15 厘米厚的"绿色材料"

肥堆示意图

注意堆肥的时候不要把材料踏实,要保持疏松透气。另外,堆的时候最好插几根粗木棍在肥堆中,堆完后拔出做气洞,这样会更透气些。

最后,给肥堆浇水,要浇透,但不要变成稀烂。以后还要适当浇水,使肥堆保持湿润。这在炎热干燥的天气里尤其重要。

如果做法正确,过几天肥料就会开始腐烂分解,也就是说开始发酵了。发酵会产生很多热量,使肥堆温度升高,最高的时候可能会达到 75℃。在这样高的温度下,绝大多数野草籽和病菌都会被杀死。

3 个星期后,把肥堆翻一翻,将里面的材料翻到外面,把外面的材料翻到里面。

再过 5 个星期,再把肥堆翻一翻。

再过 4 个星期,所有的材料应该都被充分腐烂分解了。这时，堆肥就做好了。

合起来，前后总共需要 3 个月的时间。

2. 几种堆肥场

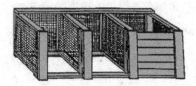

木板围搭的堆肥池

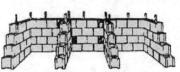

砖头或水泥砌的堆肥池

铁丝网或渔网围成的简单堆肥场

市面上的专用堆肥桶

3. 堆肥的原理

堆肥是模拟自然界产生腐殖质的过程。它利用微生物、真菌来把有机物材料腐化分解成腐殖质。

堆肥所用的材料中，"棕色肥料"是为微生物提供能量，去分解"绿色植物"。

腐殖质中含有很多微生物和真菌，在每一层中撒一些腐殖质，就好像做馒头时放进一些"酵母"一样。

由于动植物腐化分解后会产生酸，而微生物和真菌不喜欢在酸性环境中生活，所以要撒一些和草木灰或石灰石粉来中和酸。

肥堆要保持透气和湿润，是因为微生物和真菌也要有空气和水才能生存。

知道了堆肥的原理，我们遇到问题就容易找出原因了。

例如，如果肥堆不会发热，可能是水浇得不够，太干了，或是"棕色肥料"不够，所以没有发酵。

如果肥堆发臭，可能是因为太湿，也有可能是压得太紧密，没有空气，或是灰撒得不够。

4.堆肥的改进方法

堆肥有许多改进的做法，经过长期实践证明，具有良好的效果。

14天速成法　将所有的材料加以粉碎，然后充分混合均匀，堆积起来，浇上水。

第二天、第三天，肥堆开始发热，保持肥堆湿润。

第四天，翻搅肥堆，保持湿润。

第七天，再翻搅肥堆，保持湿润。

第十天，再翻搅肥堆，这时，温度开始下降。

第十四天，堆肥做好了。

蚯蚓法　当肥堆温度下降后，可以放入几百只蚯蚓。它们会帮助腐化分解肥料，并且加上自己的排泄物，使堆肥的肥效更好。它们还能帮助消灭残留的野草籽和病菌。并且在肥堆里很快地繁殖出更多的蚯蚓。

无氧法　先把地面的泥土掘松，按通常的做法堆肥，浇透水，然后用一大张黑色塑料膜严密地罩起来，用土把塑料膜边脚封住。不用再浇水，也不用翻搅，3个月后，堆肥就做好了。但要注意的是，塑料膜会污染环境。

秸秆堆肥法　对于耕种大面积土地的农民，这是一种很好的办法。在收获后，把粪肥、干草、石灰石、磷灰石粉等肥料直接撒在田里，然后和庄稼残梗一起翻耕到土里，让它们在地里腐烂分解。

用桶和塑料袋做堆肥　城市里的人如果没有地方做大的堆肥，也可以放在桶里做。先在桶底铺上一层干草、落叶和腐殖土，以后每天把果皮、花生壳、豆渣、菜叶之类的厨房垃圾丢进去。每次丢进垃圾后，马上撒一层草木灰和土盖上，就不会招引蚊虫，也不会散发出臭味了。等桶装满后，洒一些水，翻搅均匀，全部倒入一只结实的大号购物袋中。将袋口扎紧，放在晒得到太阳的地方发酵。两个月之后，就可以用了。

其实，知道了堆肥的基本做法和原理，每个人都可以根据自己的条件，通过实验找到最好的方法。

五、绿肥

种植绿肥有许多好处。它们可以为土壤提供覆盖物，减少水分蒸发，防止水土流失。绿肥植物的根系发达，且能分泌多种凝胶物质，可以改善土壤结构。绿肥植物长大后，翻耕到地里，还是极好的肥料。

可以作绿肥的植物有大豆、苜蓿、三叶草、黑麦、黑麦草、草木樨、小麦、荞麦、野豌豆、燕麦、紫草、豇豆、大麦等。将几种绿肥植物混在一起栽种，特别是将豆科绿肥和其他绿肥植物一起种植，效果会更好。

绿肥和秸秆堆肥合起来用会有更好的肥效。收获后，在田里撒上粪肥、干草、草木灰、矿石粉等肥料，然后在上面撒播绿肥种子。等绿肥长大后，再一起翻耕到土里。这是非常好的增加土壤肥力的方法。

六、常用肥料

为了能大致识别小菜园的几种常用肥料，并对它们有一个具体的了解，现将它们的特性简介如下。

商品有机肥　主要原料为发酵鸡粪，为黑色不规则颗粒状或粉末状，有机质含量≥45%，氮、磷、钾总养分含量≥5%，酸碱度（pH值）5.5～8.5。

生物有机肥　主要原料为发酵生物菌剂和鸡粪，为黑色不规则颗粒状或粉末状，有机质含量≥40%，有效活菌数0.2亿个/克，酸碱度（pH值）5.5～8.5。

当商品有机肥采用生物菌剂发酵，有效活菌数≥0.2亿个/克时，也称为生物有机肥。

硫酸铵　为白色结晶细粒或粉末。含氮20%～21%，速效，生理酸性。多用作追肥，施后应进行浇水。也用作种肥和底肥。

尿素　白色透明小米粒状或针状、梭状结晶。含氮46%左右，肥效稍迟，生理中性。多用于追肥，施后一般应浇水，施肥量应比硫酸减少一半。也可用作种肥和底肥。

三元复合肥　小菜园常用的硫酸钾45%（15:15:15）氮磷钾三元复合肥，为灰白色不规则小圆颗粒。含氮、磷、钾各15%，总含量45%。速效或稍迟。多用作底肥或追肥。

磷酸二铵　是以磷为主的氮、磷二元复合肥。灰白色或黄白色小米粒状颗粒，含氮16%～18%，含磷46%～48%，总含量 64%。速效，多用作底肥或追肥。

过磷酸钙 灰白色或灰黑色粉末。含磷 18%左右，速效，生理酸性。主要用作底肥，也可用于叶面喷肥，浓度一般为 0.2%。

硫酸钾 白色或灰白色细小结晶。含钾 48%～52%，速效，生理酸性。多用作底肥或追肥。

磷酸二钾 高浓度磷、钾复合肥，白色结晶，含磷 52%，含钾 34%，易溶于水，酸性反应。肥效高，最适宜作叶面喷肥或浸种用，叶面喷肥用 0.1%～0.3%浓度，浸种用 0.2%浓度。

各种冲施肥 冲施肥并非特指某一类肥料，所有在灌溉时随水冲到田间的肥料都可以叫冲施肥。冲施肥使用简便，肥效迅速。目前，市场上的冲施肥产品主要有液体桶装和粉末袋装、颗粒袋装 3 种。根据其化学性状及营养成分可大体分为四大类型：一是有机类型，如氨基酸型、腐殖酸海洋生物型等；二是无机类型，如磷酸二钾型、高钙高钾型等；三是微生物类型，如酵素菌型等；四是复合型，将有机、无机、生物等原材料科学地加工、复配在一起而生产的新型冲施肥。

第六节 种 子

种子也是小菜园重要的生产资料。为准备小菜园适用的蔬菜种子，需对种子的特性和怎样置备蔬菜种子有一个大致的了解。

一、种子置备

置备农田小菜园需用的蔬菜种子，最好去蔬菜科研单位或信誉较好的种子商店购买。应尽量选购具有外包装的种子，散装的种子往往没有质量保障。具有外包装的商品种子，一般均标明品牌、制种单位或监制单位，并标明种子质量的各项指标以及栽培要点，其种子质量较有保障。

当你要选购大葱、韭菜、洋葱或香椿种子时，你一定不要忘记向店家询问是否为陈年种子，以表明你也懂行，避免无发芽率的"哑巴籽"。种子采购后如不能立即播种，应将种子置于避光、干燥、低温处密封保存。

是否可以自己留种？

这要看你是否具备自己采种的条件。一般来说最好自己不留种。一是因为随着农业科学的发展，目前生产上所使用的高产优质蔬菜种子如番茄、黄瓜、茄子、辣椒等，几乎都是一代杂种（F_1），它们是用父母本杂交而成的，一代杂种只能用一代（一次），你若自己从杂种一代采种，第二代后植株就分离成五花八门也就不称其为品种了。二是因为不同蔬菜采种各有一套相应的技术要求，每年要进行严格的种性选择，否则就会导致种性退化；另外，异花授粉作物为保证品种纯正、避免不同品种间串花杂交，还需要保持一定距离的空间隔离，一般小菜园也很难掌握或切实执行，自己采种会遇到很多难以克服的困难，不如不采。

若想要自己体会一下留种的乐趣，则可选择自花授粉作物如菜豆、豇豆、扁豆、豌豆等豆类蔬菜以及笋、生菜等自己留种。前者只需在生长期间选择生长正常、有该品种特性的豆荚予以保留直至成熟采摘，后者则需选择生长良好、具有该品种特性的种株，并加以保留直至其开花结荚、种荚成熟。

二、种子含义

在农业上凡是可以作为播种材料的器官，均可称为种子。主要分为四大类。

第一类是真种子（植物学意义上的种子）：由胚珠发育而来。如豆类、瓜类、茄果类、白菜类等蔬菜的种子。

第二类是果实：由胚珠和子房共同发育而来（植物学意义上的果实如菊科（莴苣、茼蒿）、伞形花科（芹菜、香菜）、黎科（菠菜）等蔬菜的种子。

第三类是营养器官：用于无性繁殖的材料。如块茎（马铃薯、山药、菊芋等）、球茎（芋、荸荠）、鳞茎（大蒜、洋葱）、根状茎（藕、姜）以及用于扦插的茎段（番茄、枸杞）等。

第四类是菌丝体：主要指食用菌类，如蘑菇、草菇、木耳等。

在实际生产上使用最多的是真种子和果实，其次是块茎、鳞茎、球茎和根状茎，再次是茎段扦插。

三、种子形态

种子形态是辨别、判定种子种类、鉴定种子质量的重要依据。种子的形态包括外形、大小、色泽、表面特点等。

种子的外形各式各样，千姿百态。有圆形、椭圆形、肾形、弯月形、正方形、长方形、橄榄形、卵形、心形、披针形、针形、三角形、不规则形等。

种子的大小以千粒重表示。大粒种子：千粒重 > 100 克，如瓜类（除黄瓜、甜瓜）、豆类蔬菜等；中粒种子：千粒重 10 ～ 100 克，如黄瓜、甜瓜、萝卜、菠菜等；小粒种子：千粒重 < 10 克，如白菜类、茄果类、葱蒜类蔬菜以及芹菜等。

种子色泽，种子颜色多种多样，千变万化，色调十分丰富。

基本色调有红、橙、黄、绿、青、蓝、紫、黑、白、灰、褐、棕等单色及杂色（含有两种以上的颜色），其中又以主色调为黑色和褐色居多。

表面特点包括种子表面的光洁度以及种子表面所具有的沟、棱、毛、刺、网纹、突起、蜡质等。

四、种子结构

种子一般由种皮和胚组成，有的还有胚乳。

种皮是种子（豆类、瓜类、茄果类蔬菜等）的保护组织，由珠被发育而来；果实的种皮（果皮）由子房壁发育而来如菠菜、芹菜等；或由果皮、种皮混生在一起构成。种皮上有与胎座相连的珠柄的断痕，称为种脐，种脐的一端有一小孔，称为珠孔，种子发芽时胚根即从珠孔伸出，故称发芽孔。

胚是一个新植株的幼体，处在种子中心，由子叶、胚芽、胚轴、胚根组成。

胚乳是种子内储存营养物质的组织。不是所有种子都有胚乳，根据胚乳的有无，又可将种子分为有胚乳种子和无胚乳种子两类。

五、种子寿命

种子寿命是指种子保持发芽能力的年数。

影响种子寿命的主要因素有种子的遗传特性、储存条件（温度、湿度、气体含量）、种子收获成熟度、种子繁育时的环境条件等。

不在常温条件下储存蔬菜种子，其寿命一般仅能保持2～3年（在干燥、低温条件下除外）。应引起特别注意的是葱、洋葱、韭菜、香椿、冬瓜等蔬菜，其种子的发芽年限仅为一年。

六、种子质量

衡量种子质量的常用指标有：

发芽率越高，在正常播种条件下种子出苗率也高。

发芽率（%）＝发芽种子粒数／供试种子粒数 ×100

规定时间内的种子发芽率，称为发芽势。反映了种子的发芽速度和整齐度，可衡量种子生活力的强弱。发芽势越强，种子的生活力越强。

净度越高，种子越干净。

净度（%）＝（供试种子样本总重－杂质重）／供试种子样本总重 ×100

纯度越高，表示品种杂株越少，一致性程度越高。

纯度（%）＝（供试种子样本总重－杂质重－杂种子重）／（供试种子样本总重－杂质重）× 100

饱满度以千粒重（绝对重量）表示，可反映种子繁育工作的优劣。饱满度高低将影响种子的发芽率和生活力。

第七节　农　药

蔬菜在农药使用上：只要严格执行国家农药管理条例，使用高效、低毒、低残留农药，拒用高毒、高残留农药；用药过程做到科学、合理、安全；并准确掌握采收安全间隔期，那我们就能获得"放心菜"。当然尽量采用栽培防治、物理防治、生物防治、少用或不用农药，那是一种最理想的选择。为此我们必须对农药及其科学使用方有一个大致的了解。

一、购买农药注意事项

在购买农药时应注意查看农药标签，一定要关注以下事项。

产品名称　无论国产农药还是进口农药，其产品名称除批准的中文商品名外，还必须标有有效成分、中文通用名称及含量和剂型。

三证号码　国产农药必须有国家农药检定所颁发的农药登记证号，化工部颁发的准产证号，企业质检部门签发的合格证号。但进口农药只有农药登记证号。

类别标志　看清农药标签下方表明不同农药类别的一条与底边平行、不褪色的标志。如杀菌剂——黑色、杀虫剂——红色、除草剂——绿色，杀鼠剂——蓝色、植物生长调节剂——深黄色。

净重　通常以 kg（千克）、L（升）、g（克）、ml（毫升）表示。

毒性与易燃　注意农药标签上以红字明显标明的该产品的毒性以及易燃标志。

使用说明　仔细阅读使用说明，了解适用范围、防治对象、适用时期、用药量和方法以及限制使用范围等。

有效期限　查看生产日期及批号。即从生产日期算起，一般有效期为两年。

注意事项　了解该产品注明的中毒症状和急救措施，安全间隔期以及储存、运输等特殊要求。

生产单位　查看生产企业名称、地址、电话、传真、邮编等。

当您在查看农药标签后，以上各项中如发现缺少两项，甚至一项，您则应询问经销商，做进一步了解。如发现三证号码不全，或没有注明生产日期或确认是已过期的农药，则应放弃购买。

二、农药种类

1. 杀菌剂

用来防治病害的药剂。主要作用是保护农作物不受侵害，抑制病菌生长，消灭入侵的病菌。大多数杀菌剂主要起保护作用，以预防病害的发生和传播。如百菌清、多菌灵、代森锰锌、福美双、井冈霉素等。

2. 杀虫剂

用来防治害虫的药剂。主要通过胃毒、触杀、熏蒸和内吸4种方式起到杀死害虫作用。如毒死蜱、氯氰菊酯。

3. 杀螨剂

用于防治有害类的药剂。如克螨特、石硫合剂、杀螨素等。

4. 杀线虫剂

用于防治线虫病害的药剂。如克线丹、克线磷等。

5. 杀鼠剂

用于毒杀各种有害类的药剂。如磷化锌、立克命、灭鼠优等。

6. 植物生长调节剂

一种由人工合成的具有天然植物激素活性的物质。可调节蔬菜生长发育、控制生长速度、植株高、成熟早晚、开花、结果数量以及促进作物呼吸作用而增加产量。常见的有矮壮素、乙烯利、赤霉素、萘乙酸、防落素等。

7. 除草剂

用以防除农田杂草生长，也称除莠剂。如2，4-D、敌稗、氟乐灵、草甘膦等。

第三章　蔬菜的分类

第一节　蔬菜的习性

正如每个人有各自的个性，每种蔬菜也有自己的习性。种菜的时候要按照每种蔬菜的习性，给予相应的照料。

一、喜酸还是喜碱

有的蔬菜喜欢在酸性土壤中生长，而有的蔬菜则喜欢碱性的土壤。大部分的蔬菜则喜欢 pH 值为 6.5~6.8，也就是说微酸性的土壤。

如果把喜欢酸性土壤的蔬菜种在碱性土壤中，往往导致病虫害的发生。反之亦然。

在栽种喜欢碱性土壤的蔬菜时，要撒一些草木灰或石灰石粉在土壤里。而栽种喜欢酸性土壤的蔬菜时，不可撒草木灰或石灰石粉。

喜欢酸性土壤（pH 值在 6 以下）的蔬菜和植物有：花生、马铃薯、芜菁、甘薯、西瓜、浆果类植物（如草莓等）、麻、杜鹃花、百合、石楠、万寿菊、忍冬、雪杉、橡树等。

喜欢碱性土壤（pH 值在 7 以上）的蔬菜和植物有：青花菜、花菜、卷心菜、胡萝卜、芹菜、菠菜、大葱、洋葱、生菜、韭菜、紫花苜蓿、芦笋、甜菜、牛皮菜、甜瓜、木瓜、秋葵、康乃馨、鸢尾花等。

而喜欢微酸和中性土壤（pH 值在 6~7）的蔬菜和植物有：油菜、葫芦科蔬菜、番茄、白萝卜、豆类、羽衣甘蓝、玉米、棉花、茄子、大麦、燕麦、小麦、水稻、黑麦、荞麦、樱桃、栀子花、葡萄、芥菜、三色堇、香菜、桃树、梨树、苹果等。

二、喜阴还是喜阳

大多数蔬菜是喜阳的，无论怎样精心照料都不能弥补阳光不足的缺陷。所以菜园要开在向阳的地方。

最喜阳的蔬菜是那些花果类蔬菜，如玉米、青椒、西瓜、南瓜、番茄、茄子、芝麻、向日葵之类，因为果实需要充分的日照才能成熟。它们每天需要至少8个小时的日照，才能长得好。

其次是那些根类蔬菜，如马铃薯、甜菜、胡萝卜、白萝卜、甘薯、山药之类。它们至少需要半天的日照，才能长得好，因为它们需要日照来制造糖分和淀粉，储藏在根部。芋头虽然也喜欢日照，但是比别的蔬菜都更能耐阴。

叶类蔬菜对日照要求不那么高。其中芹菜、生菜、茼蒿、薄荷是比较喜阴的。

三、喜湿还是耐旱

最喜湿的是那些原本是水生植物的蔬菜，如莲藕、茭白、芋头、空心菜、芹菜等。莲藕要种在水塘里，茭白以及某些芋头、空心菜品种要用水田种。

其次是瓜果类蔬菜，如黄瓜、丝瓜、葫芦、番茄等。由于枝叶多，果实中含大量的水，因此水分消耗大，开花结果时更是需要大量的水，所以要多浇水。但是和水生植物不一样，它们虽然喜欢湿润的土壤，却不能忍受根被泡在水里。因此要种在排水性好的土壤中，并注意覆盖。瓜果类中，南瓜、西瓜由于根扎很深（可达 2 米），可算比较耐旱的，只要在开花结果期间浇一些水就可以。

再次是叶类菜。叶类菜不耐旱，如果太干，会变得老硬难吃。

白萝卜、胡萝卜之类的根类菜不能太湿，也不能太干。

豆类比较耐旱，但在开花结果时需要多浇一些水。花生、大豆、绿豆等矮生豆类都是非常耐旱的。蔓生豆类由于枝叶比较多，不如矮生豆耐旱。

特别耐旱的蔬菜是甘薯、山药、芝麻、向日葵等蔬菜。其中以甘薯最为耐旱。只要开始走藤后，就可以不必浇水了。

四、伴生

记得曾经在《植物趣闻》中看到，玫瑰和木犀草种在一起，玫瑰会排挤木犀草，使其慢慢死去；而木犀草在临死前又会散发出一种化学物质，使玫瑰中毒身亡，最后双双同归于尽。

不过，植物之间并不只有互相排挤和残杀，许多植物也能互相友爱和彼此帮助。比如，美洲印第安人祖祖辈辈把豆类、南瓜和玉米种在一起，因为豆类能利用根瘤菌增加土壤中的氮肥，南瓜能为玉米提供很好的覆盖，而玉米又能为蔓生豆类提供支架。

又比如，万寿菊能散发一种杀除线虫的化学物质，因此是番茄、青椒等易遭线虫攻击的蔬菜的良伴。莳萝甜蜜的小花能吸引寄生蜂，而寄生蜂是菜青虫、蚜虫、甲壳虫的天敌，所以莳萝是白菜、卷心菜、黄瓜的好朋友。

另外葱类不能和豆类种在一起，但是和胡萝卜却是好搭档。番茄和马铃薯不宜种在一起，因为它们容易互相传染疫病。

了解植物之间的友情和爱憎，可以使我们知道菜园中哪些蔬菜和植物种在一起比较好，哪些不应该种在一起（表 3-1）。

除此之外，了解植物之间的友情和爱憎，本身也是一件很有趣的事情。

表3-1　常见蔬菜伴生表

蔬菜名称	好伙伴	坏伙伴
芦笋	番茄、香菜、旱金莲、罗勒、矮牵牛	洋葱、大蒜、马铃薯
矮生豆类	马铃薯、黄瓜、玉米、草莓、胡萝卜、芹菜、甜菜、牛皮菜、花菜、甘蓝、芜菁、茄子、欧防风、生菜、向日葵、其他豆类、夏香薄荷、艾菊、万寿菊、迷迭香	葱科、大头菜、茴香、罗勒
蔓生豆类	玉米、芜菁、花菜、黄瓜、胡萝卜、牛皮菜、茄子、生菜、其他豆类、马铃薯、草莓、夏香薄荷、艾菊、万寿菊、迷迭香	葱科、甜菜、大头菜、向日葵、甘蓝、罗勒、茴香
豌豆	胡萝卜、芜菁、白萝卜、黄瓜、玉米、芹菜、菊苣、其他豆类、茄子、香菜、菠菜、草莓、青椒、夏香薄荷、万寿菊、矮牵牛、迷迭香	葱科、马铃薯、剑兰
菠菜	草莓、蚕豆、芹菜、玉米、茄子、花菜	
甜菜	矮生豆类、利马豆、十字花科、生菜、葱科、鼠尾草	芥菜、红花菜豆
十字花科	芜菁、芹菜、甜菜、葱科、菠菜、牛皮菜、矮生豆类、胡萝卜、芹菜、黄瓜、生菜、芳香草药、洋甘菊、旱金莲、莳萝、牛膝草、天竺葵、薄荷、万寿菊、牛至	草莓、蔓生豆类、番茄、芸香
白萝卜	豌豆	马铃薯
芜菁	生菜、豆科、甜菜、胡萝卜、瓜类、菠菜、欧防风、细叶芹、生菜、旱金莲	牛膝草
胡萝卜	胡萝卜和葱科是好搭档 豌豆、生菜、番茄、豆类、甘蓝、生菜、芜菁、迷迭香、鼠尾草、麻	芹菜、欧防风、莳萝
香菜	芦笋、番茄、辣椒	莳萝
芹菜	葱科、十字花科、番茄、矮生豆类、旱金莲	胡萝卜、欧防风、香菜、莳萝
生菜	胡萝卜、芜菁、草莓、黄瓜、葱科	
葱科	和胡萝卜是好搭档 甜菜、生菜、十字花科、芹菜、黄瓜、欧防风、辣椒、青椒、菠菜、瓜类、番茄、草莓、夏香薄荷、洋甘菊、莳萝	豆类、芦笋、鼠尾草

（续表）

蔬菜名称	好伙伴	坏伙伴
玉米	豆类、马铃薯、瓜类、甜菜、甘蓝、香菜、芜菁、天竺葵、莳萝、苋菜、天竺葵	番茄
黄瓜	豆类、玉米、向日葵、芜菁、十字花科、茄子、生菜、葱科、番茄、甜菜、胡萝卜、辣椒、莳萝、旱金莲、迷迭香、夏香薄荷、琉璃苣、洋甘菊、艾菊	马铃薯、芳香草药
南瓜之类	玉米、葱科、芜菁、辣椒、万寿菊、旱金莲、琉璃苣、牛至、艾菊	马铃薯
西瓜之类	玉米、芜菁、南瓜之类、辣椒、万寿菊、旱金莲、琉璃苣、牛至、艾菊	马铃薯
茄子	豆类、青椒、辣椒、马铃薯、菠菜、辣根、万寿菊、猫薄荷	茴香、烟草
番茄	葱科、芦笋、胡萝卜、香菜、芹菜、黄瓜、生菜、矮生豆类、辣椒、青椒、辣根、矮牵牛、万寿菊、旱金莲、罗勒、薄荷、香蜂草、琉璃苣	马铃薯、十字花科、玉米、蔓生豆类、烟草、茴香、莳萝
甜椒、辣椒	葱科是辣椒、甜椒的好搭档 番茄、黄瓜、茄子、秋葵、牛皮菜、南瓜之类、香菜、辣根、罗勒、牛至、迷迭香、万寿菊	茴香、大头菜、烟草不要种在杏树旁边
马铃薯	豆类、玉米、十字花科、辣根、胡萝卜、洋葱、芹菜、万寿菊、麻、野荨麻、芫荽	瓜类、番茄、向日葵、大头菜、白萝卜、欧防风、茴香、烟草
草莓	矮生豆类、生菜、葱科、芜菁、菠菜、琉璃苣、旱金莲、鼠尾草	甘蓝、马铃薯

第二节　蔬菜的分类

我们在前面病虫害一章里曾提到过，同一块地上年复一年地种植同一科蔬菜，病虫害就会越来越严重。可是到底哪些蔬菜是同一科的，我们就来学习蔬菜的分类（表3-2）。

当你第一次知道甜菜和菠菜是同一科的时候，会不会感到惊讶呢？甜菜是吃它的根，菠菜是吃它的叶，这两种菜怎么会是同一科的呢？但仔细考查一下，菠菜的叶子和甜菜的叶子是不是很像呢？另外，菠菜的根虽然没有甜菜那么大，可不也是红红甜甜的吗？

表3-2　常见蔬菜的分类

科名	蔬菜名称
藜科	甜菜、菠菜、牛皮菜
葫芦科	黄瓜、小胡瓜、西葫芦、西瓜、南瓜、冬瓜、丝瓜、苦瓜
豆科	紫花苜蓿、蚕豆、四季豆、红花菜豆、三叶草、葫芦巴、羽扇豆、豌豆、花生、大豆
十字花科	青花菜，即西兰菜、芽球甘蓝、卷心菜、花茎甘蓝、花椰菜，即花菜、羽衣甘蓝、大头菜、芥菜、芜菁、白萝卜、油菜、荠菜、辣根
菊科	菊苣、茼蒿、朝鲜蓟、生菜、婆罗门参、向日葵、蒲公英
茄科	茄子、辣椒、马铃薯、番茄
伞形科	胡萝卜、芹菜、茴香、香菜、欧防风、香芹、葛缕子、莳萝、川芎、芫荽
旋花科	空心菜，即蕹菜、甘薯、牵牛花
百合科	蒜、大葱、韭菜、洋葱、香葱、芦笋、黄花菜、芦荟、百合
禾本科	玉米、黑麦、茭白、小麦、燕麦、甘蔗、水稻
其他	荞麦，蓼科、马齿苋，马齿苋科、山药，薯蓣科、芋头，天南星科、苋菜，苋科、落葵，落葵科、芝麻，胡麻科、莲藕，莲科、姜，姜科

第四章　田间管理

第一节　撒种与栽种

一、栽种时间

有的蔬菜适合在初春种，有的适合在初秋种，还有的适合在夏季种。每种蔬菜都有一定的栽种时间。种得早了，可能出不了芽；种得迟了，又没有时间长大。所以，如同人生中的许多事情一样，栽种一定要把握好时间。

最简单的办法，就是头一年秋季买好第二年要种的蔬菜种子。现在，种子袋上一般都注有栽种时间、生长期和栽种要点，可作参考。这样就可以预先计划好一年的栽种时间了。

当然，你也可以请教当地有经验的农民，他们一定能够告诉你当地常见蔬菜的栽种时间。

不过，即使问题这么容易就可以得到解决，我们还是不妨多了解一些关于何时栽种蔬菜的知识吧，因为这里面蕴含着大自然许多的奥秘呢！

每种蔬菜对温度都有不同的要求，有的喜热，有的喜寒；它们的生长期也有长有短，这些因素决定了它们的栽种时间。

例如，大白菜是喜寒的蔬菜，它可以在初春播种，也可以在初秋播种。但大白菜需要 3 个月的时间才能成熟，成熟后，低温的天气还能够增进它的风味。而在南方，春季气温上升比较快，播种后，天气很快变热，使大白菜提前开花结籽。所以在南方，春季种的大白菜不好吃。

因此，我们要了解蔬菜对温度的要求，成熟需要的时间，还要了解当地的气候特征，才能知道什么时候种什么菜最好。

根据经验，我们可以将蔬菜分成如表4-1的类别。

表4-1　蔬菜热寒分类

类型	特性	常见蔬菜
喜热型	不经霜打	番茄、茄子、青椒、甘薯、花生、四季豆、毛豆、各种菜豆、西瓜、南瓜、黄瓜、葫芦、苦瓜、丝瓜、甜瓜、苋菜、空心菜、玉米、芋头、芝麻、向日葵、空心菜等
喜寒型	不耐热，幼苗时需要凉爽的天气，成熟时霜寒可以增进风味	大白菜、白萝卜、芥菜、甘蓝、卷心菜、花菜、花椰菜
耐寒型	可以在地里过冬	蚕豆、豌豆、油菜、芦笋、荠菜

大致来说，喜热型蔬菜，要在春季解霜、天气转暖、气温稳定后栽种。长得比较慢的喜热型蔬菜，要早一些栽种，有的可能要不等解霜先在温室里育苗，以保证能有足够长的时间成熟。至于长得快的喜热型蔬菜，如空心菜、苋菜等，则可以从春季一直种到夏末初秋。

喜寒型的蔬菜，在没有霜的地区，秋季和冬季都可以种；有霜的地区，要在夏末初秋种，以保证在降霜前成熟。在寒冷的地区，春季也可以栽种，不过需要先在温室里育苗，再移栽到户外。成熟得快的喜寒型蔬菜，如樱桃小萝卜、小白菜、上海青、生菜，不管是南方北方，春季都可以栽种。

耐寒型的蔬菜，幼苗期间非常耐寒，但需要温暖的天气才能长大成熟。所以一般在初霜前一些时候栽种，使其长出幼苗来过冬。在寒冷的冬天，幼苗并不会冻死，但几乎停止生长，等来年开春天气转暖后，继续生长。

我国幅员辽阔，当北方还是冰天雪地的时候，南方就已经春暖花开了；而南方还是花红柳绿的时候，北方已经是大雪纷飞了。即使在同一个地方，每年四季的时间也会有一定偏差。如此，我们该怎样确定蔬菜的栽种时间呢？

大自然有许多的征兆，告诉我们四季的来临，气候的变化。比如，柳树发芽，告诉我们春天来了；知了鸣叫，告诉我们夏天到了；树叶枯黄，告诉我们秋天已经来临。

这就是物候—大自然的日历。根据物候来确定栽种的时间要比照日期栽种更准确，因为在同一个地方，动植物的生长活动受着同样的气候和环境影响，要是推迟就都推迟，要是提早就都提早。

表4-2是一张根据中国物候制作的蔬菜栽种时间表，其中的物候现象是按时间次序排列的。

表4-2 蔬菜栽种时间表

时节		宜种蔬菜名称
初春	柳树萌芽	北方可以在地里种喜寒型蔬菜：大白菜、白萝卜、胡萝卜、芜菁、马铃薯、菠菜、卷心菜、花菜、西兰菜、洋葱、生菜、甜菜、芥菜、甘蓝、芹菜、小白菜、上海青、香菜、韭菜、葱、茼蒿菜等
	迎春花开	
	榆树花开	
	春雷初响	
	蜜蜂初现	
	蒲公英花开	喜热型的蔬菜可以在温室里育苗
	水杉出芽	南方可以在地里种快熟的喜寒型蔬菜：菠菜、生菜、小白菜、上海青、茼蒿菜、樱桃小萝卜等
	杏树开花	
	油菜开花	
	刺槐出芽	喜热型的蔬菜可以在温室里育苗
	毛桃开花	
中春	解霜	可以在地里种喜热型蔬菜：南瓜、黄瓜、葫芦、苦瓜、丝瓜、大豆、玉米、芋头、向日葵、各种菜豆、空心菜、番茄、茄子、青椒、甘薯、花生、西瓜、苋菜等
	蛙始鸣	
	牡丹花开	
	紫藤花开	
	杜鹃花开	

（续表）

时节		宜种蔬菜名称
晚春	布谷鸟初啼	早稻插秧
	刺槐开花	
	野蔷薇花开	
	葡萄花开	
夏季	蝉始鸣	种芝麻
	荷花开	
	女贞花开	
	槐树花开	
初秋	蝉终鸣	种喜寒型蔬菜：大白菜、白萝卜、胡萝卜、小萝卜、马铃薯、菠菜、卷心菜、花菜、花椰菜、洋葱、生菜、甜菜、芥菜、甘蓝、芹菜、小白菜、上海青、香菜、韭菜、葱、茼蒿菜等
中秋	蛙终鸣	种耐寒型蔬菜：蚕豆、豌豆、油菜、芦笋、辣根、荠菜等
晚秋	野菊花盛开	种小麦
	降霜	
冬季	蜜蜂匿迹	
	水杉、榆树、柳树、刺槐等落叶完	

二、基肥

在撒种之前还有一件事要做，就是要准备基肥。

蔬菜幼苗刚长出来，根还没有形成时，靠种子里的胚乳提供养料。但很快的，幼苗的根长出来了，就要从土壤里吸收养料了。因此，我们在撒种时要施一些基肥，以便给幼苗一个良好的开端。基肥不足，幼苗就长得慢，发育不好，容易受到病虫害的侵袭。

一般来说，瓜类蔬菜需要很多的氮肥、磷肥和钾肥。茄果类和根类蔬菜需要较多磷肥和钾肥，氮肥却不要施太多，以免只长叶，不结果。叶类蔬菜需要多多施用氮肥，以促进叶茎生长。

各种蔬菜施用基肥的具体做法，请参阅第五章。

三、播种

不同的种子要用不同的方法播种。

如果是葱蒜、葛缕子、香芹、上海青等小型蔬菜，可以用条播。方法是：

（1）提前1~2周施基肥：将基肥均匀地撒在田面上，然后细细地翻入土中，将土耙平。

（2）用锄头柄或木板在田面上压出浅浅的播种沟。

（3）然后将种子均匀地撒在浅沟里。一般1寸距离撒2~5粒种子比较好。如果种子太小，可以先用3倍的细沙掺和后再撒，就不至于撒得太密了。

制作播种沟

（4）撒上薄土覆盖种子，然后将土压实。薄土的厚度为3~6毫米。如果种子非常小，就不必盖土，只要把土压实就行了，因为种子自己会钻到土壤缝隙里去的。

（5）用喷水壶轻轻洒水。

如果是豆类、花生等蔬菜，可以用点播。方法是：

（1）提前1~2周施基肥：将基肥均匀地撒在田面上，然后细细地翻入土中，将土耙平。

（2）用空瓶子在田面上压出一定深度的播种穴。

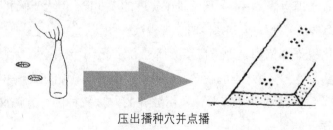

压出播种穴并点播

（3）在每个播种穴里撒上几粒种子。注意要让种子互相隔开一点。

（4）撒上薄土覆盖种子，然后将土压实。薄土厚度一般为1~2厘米。

（5）用喷水壶轻轻洒水。

如果是栽种花菜、大白菜、茄果、瓜类等吃肥多的大型蔬菜时，要用穴播法。

（1）先挖出播种穴。

（2）倒入基肥。

（3）用土将播种穴填平。

（4）然后每穴撒上3~6粒种子，将种子压入土中。入土深度因种子大小而异。瓜类种子需埋入土中1厘米左右，而番茄、白菜只要3~6毫米就可以了。

（5）用喷水壶轻轻洒水。

种子需要潮湿的环境才能发芽，所以要注意多浇水，不要让表土变干。一般种子发芽期间，每天都要浇水，在干燥和炎热的季节里，一天可能要浇两次或更多次水。但也要记住，如果把种子长期泡在水里，种子会腐烂。所以浇水也不能太多，不要让土变成稀泥。

关于种子埋入土中的深度，原则上是大种子要埋得深一些，小种子埋得浅一些，一般为种子宽度的2~3倍。但天气暖和时，要埋得深一些，天气寒冷时，埋得浅一些。

以上介绍的是种子蔬菜的播种方法，至于像甘薯、马铃薯、芋头、姜、莲藕之类的蔬菜，是用块茎繁殖的，种法就不一样。另外像韭菜之类的蔬菜，是用分株的方法栽种的，方法又不一样。

四、间苗

菜苗长出后，如果过于密集，就会为了争夺阳光而拼命长茎，结果一棵棵都变成了"长腿苗"。"长腿苗"容易倒伏。

间苗使每颗菜都能得到充分的阳光、水分和肥料，也能使空气保持流通，可以防止许多的病虫害。

菜苗长出真叶后，就要进行间苗。不过，过于密集的地方，则不等真叶长出，就要剔除多余的苗。病弱的菜苗也要及时剔除，使疾病不致传播。

至于幼苗之间的距离，要保证叶与叶彼此相接，而不重叠，就可以了。

用条播法栽种的菜苗，要不断间苗，直到采收。稍大一些的叶类菜，间下的苗菜，就可以食用了。

用点播法和穴播法栽种的菜苗，要间苗，每穴留下 1~3 株最健壮的幼苗。

五、育苗

种子发芽和幼苗生长，对土壤、温度、湿度，以及日照的要求都比较苛刻，所以需要精心地照料。虽然大部分蔬菜都可以直接在地里播种，但是往往由于照顾不周，比如没有及时浇水，或者日照过分或不足等种种的疏忽，再加上土壤中各种病菌的侵袭，导致种子发芽率不高，许多幼苗发育不良，甚至染病身亡。

所以，为了提高种子的发芽率和幼苗的成活率，为了使成活的幼苗长得更健壮，育苗是必要的。

如果想要提前一些时候享用到时令蔬菜，或者想要品尝某种不适合本地气候的异地蔬菜，育苗更是必不可少的了。尤其是，在生长季节短的寒冷地区，如果不提前进行育苗，许多蔬菜根本就不能栽种。

不过，育苗时最容易犯的一个错误，就是育苗育得太久。随着幼苗长大，它的根系变得发达，要求更多的空间发展。这时，育苗盆里狭小的空间却抑制了它的生长，其后果轻则造成发育不良，严重的还会使蔬菜再也长不大，或者开花结果不正常。与其这样育苗，不如直接种在地里更好。

在寒冷的地区，育苗不要开始得太早。一般来说，需要 4 个月以上才能成熟的蔬菜，可以比在地里栽种提前 6~8 周育苗，如果 3~4 个月就能成熟的蔬菜，提前 4~6 周育苗，而 3 个月以内就能成熟的蔬菜，只要提前 2~4 周育苗就可以了。

下面让我们来学习怎样育苗。

首先，我们先来看看育苗需要什么样的设施。

育苗所需要的设施如下。

1．育苗箱

育苗箱可以买现成的，也可以用木板自己做一个。

育苗箱的宽度和长度一般为 30 厘米 ×45 厘米，或是 45 厘米 ×60 厘米。育苗箱的高度为 10 厘米。最重要的是箱底必须有一排排水孔，或是一道 0.5 厘米宽的排水缝。

如果你用大号的花盆代替育苗箱也可以。

2．育苗盆

虽然市面上可以买到各种规格的塑料育苗袋或育苗盆、泥炭盆、纸制苗钵，我们还是可以自己动手来做育苗盆。一来这样可以使孩子们有事可做，二来可以节省一些开销，三来还可以让我们创造发明的潜力得以发挥。

我们可以用牛皮纸来做育苗盆。

将牛皮纸裁成长纸条（纸条的宽度就是盆的深度），紧紧缠绕在一个大小合适的瓶子上。然后用结实的棉线将纸系牢，上、中、下各系一根。最后将瓶子抽出来，育苗盆就做好了。

用牛皮纸来做育苗盆

纸制的育苗盆透气，移栽时可以连盆带苗埋入土中，一点儿不会弄伤菜根，也不必担心污染环境。

另外，一次性的纸杯、酸奶杯、冰激凌杯、易拉罐、矿泉水瓶也都可以改装成育苗盆，只要把底去掉，高度裁截成一定尺寸就可以了。

一般来说，育苗盆的高度要比口径稍大一些。育苗盆的口径要看种的是什么菜，大菜用大盆，小菜用小盆。推荐瓜类育苗盆口径为12厘米左右，茄果、白菜、花菜等蔬菜9厘米左右，而豆类6厘米就可以了。

你还需要为这些无底的育苗盆做一些托盘。将三合板裁成适当大小，边缘钉上一圈木条，就是一个托盘了。在托盘上铺上一层沙砾，将无底的育苗盆放在这些托盘上使用。如果你只是在阳台或屋顶上栽种，可以用包装干果的塑料盒来做托盘。

至于为什么要把育苗盆做成没有底的，你看了移栽一节后就知道了。

3. 育苗土

菜园里的土不能直接用来育苗，一是因为对于种子来说，这种土壤过于黏重，二是因为土壤里含有许多病菌和虫卵，幼苗的抵抗力不强，在这种土壤中生长容易感染疾病（如根腐病等）。

育苗土有许多种配制方法，市场上甚至能买到现成的育苗土，其主要成分是蛭石、泥炭苔、珍珠岩矿砂，加上一些肥料配制成的。

我们可以自己配制育苗土。一种比较简单的配方是：将一份堆肥、一份消过毒的园土、一份沙子，按体积等比例混合。堆肥、园土和沙子预先都要用网眼为3~6毫米的筛子筛过。

筛理育苗土

园土怎样消毒呢？如果需要的量不多，可以把土装在密闭容器里，用85℃在烤箱里烘烤10分钟，或者放在蒸笼里蒸上十几分钟。

也许你会觉得这样做很可笑，其实这是必要的。乡下有经验的农民在准备育苗田时，就是在育苗田里铺上带土的草根，放火焚烧一个晚上，再用筛子把土和灰筛过，才在上面撒种育苗。他们的经验证明了对育苗土进行消毒的必要。

如果你需要的量比较大，你也可以用这种"火烧土"的办法。

选一个晴朗无风的日子，在户外将干草连根带土堆成一堆，点火燃烧。趁火势正旺的时候，将干土撒上去，使火势降下来，慢慢地烧，但不要把火弄灭。第二天，火灭了，把土和灰混合均匀，用筛子筛过，就可以用来配制育苗土了。

其实，这也是一种高温消毒的方法，因为经过一夜的燃烧，野草籽、虫卵和病菌会被烧死的。另外，草木灰也是好肥料。不过要注意的是，草与土的比例要适当，如果草木灰的比例太大，对幼苗来说，碱性可能会太强。

4. 育苗场地与简易温室

育苗场地必须要在背风、向阳和通风的地方，每天至少要有5个小时的日照。像菜畦那样，育苗场地要高出地面一些，上面铺上一层石子和沙砾，以保持干燥。

如果你所在的地方春季比较寒冷，你还需要在上面搭两个简易温室，一个透明的，阳光可以照得进来，用来放幼苗；另一个黑色的，用来放正待种子发芽的育苗箱、育苗盆和刚移栽好的幼苗。

温室的高度为30~40厘米，宽度以方便从两侧操作为佳，长度则不限。

所需的材料是：两块透明塑料膜、一块黑色遮阳网和一些竹篾。

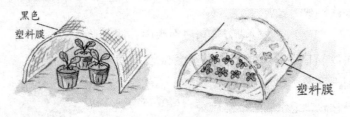

黑色
塑料膜

塑料膜

简易温室

将每根竹篾截成 2.5 米左右长。

将竹篾弯曲,两端插入土中30厘米左右。竹篾间距约为0.5米。

然后在上面罩上透明塑料薄膜和黑色遮阳网。用土将薄膜两侧边脚压住。两头开口留作通气口。

5. 育苗过程

（1）先在大花盆或是育苗箱里装上育苗土。

用瓦片或是石子把排水缝或排水孔盖住。在上面铺上一层干苔藓、干草之类松软的材料。然后倒入育苗土,直到距离盆口 1 厘米处。把土捋平。

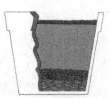

（2)接下来,将种子均匀地撒在盆里。不要让种子重叠在一起。

如果用的是育苗箱,可以用筷子在上面压出深约 0.5 厘米的浅沟。行间距为 5 厘米（小种子）或 10 厘米（大种子）。然后在上面撒种。

撒上一层薄土,将土压实。薄土厚度与在菜地里播种一样,约为种子宽度的 2 倍左右。撒完种后,要记得填写你的《蔬菜栽种观测表》。

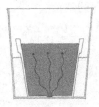

（3）将花盆或育苗箱浸在水中,使水面离箱口 3~4 厘米。这样水会慢慢地渗透到土里去。等表面的土变潮湿了,就将育苗箱拿起,把水滴干,然后……

（4）放在黑色温室里。如果你没有温

室，可以将一只黑色的购物袋口朝下罩在花盆或育苗箱上。然后把育苗箱放在太阳晒得到的地方。每天要检查一下，看需不需要浇水（只要表面的土还是湿润的，就不需要浇水），要不要透透气。

一般来说，种子在18~24℃的温度下比较容易发芽。种子周围的土壤必须保持潮湿，但也不能太湿。如果太干了，种子就会枯萎，太湿了，又会烂掉。多数种子在6~20天内会发芽。

种子发芽后，就要把育苗箱转移到透明温室里。如果你不用温室，也要把育苗箱放在阳光充足、背风的地方。

种子发芽需要在黑暗中，幼苗生长却需要阳光。光照不够，会使幼苗变成"长腿苗"。不过，一开始时要注意，不要让幼苗被晒蔫。

幼苗的根很浅，所以开始时要常浇水，不要让表土变干。要在上午浇水，不要在下午和傍晚浇水。随着幼苗长大，要减少浇水，增加日照。

苗长得太密的地方，要及时间苗。

如果有必要，要把温室通气口打开，透透气。

六、移栽

幼苗长出第一对真叶后，就要马上移栽到单独的育苗盆里，使它们有充分的空间生长。

移栽的时间不能耽延。因为这时移栽，对根的伤害是最小的。等幼苗长出更多的真叶时再移栽，就容易使根受到伤害，影响生长，甚至造成死伤。

当然，像葱、蒜、上海青、菠菜之类的小菜，你可以让幼苗在育苗箱继续生长，直到可以移栽到菜地里的时候。如果是这样，要注意不断间苗。

选无风的傍晚，或是阴云的白天进行移栽，以免刚移栽的幼苗被太阳灼伤。

移栽前，先给幼苗洒点水，把土润湿。

将育苗盆装上育苗土，使土离盆口 1 厘米。在盆中央用筷子或铅笔戳一个小洞。

然后一手捏住一片胎叶（不要捏住幼茎，以免幼苗受伤），另一手用小螺丝刀将幼苗连根铲起，放入育苗盆中戳好的小洞里。

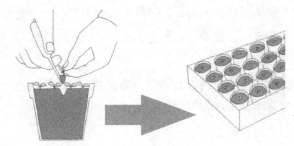

起苗移栽

将幼苗放正，注意不要让根挤作一团，而要自然伸展开。然后将土盖好，压实。土要埋到胎叶下方，这样幼苗才长得稳。"长腿苗"经过这样的调整就不会东倒西歪了。

最后给幼苗浇足水，放在黑色温室里休息一两天。等幼苗恢复生气后，再放到透明温室中。

注意给幼苗浇水、晒太阳和透气。

当菜苗长到足够大（具体多大，因菜而异），可以移栽到菜地里时，要提前一个星期，经常把温室掀开，让幼苗习惯外面的气温。

移栽要在一个无风的傍晚或是阴云的白天进行。

先给幼苗浇一些水，把土润湿。

然后在菜畦里挖好定植穴。穴的大小和深度以能容下育苗盆为准。

将幼苗连盆带苗一起放入定植穴中，用土将穴填满，压实。幼苗可以种得比在育苗盆中略深一些。

如果幼苗需要保护，免受地老虎之类害虫的侵扰，可以将育苗盆拔出地面 2~3 厘米，做保护套。不然，就把育苗盆留在地里。不过，如果你想节省育苗盆，也可以将育苗盆拔出，以后再用。（现在，你该知道为什么要把育苗盆做成无底的了吧？）

最后给幼苗浇足水，用覆盖物盖好田面。注意不要让覆盖物碰到幼茎。

至于种在育苗箱里的幼苗，移栽会比较麻烦一些。做法是：

先洒点水，把育苗箱里的土润湿。然后用菜刀把土切成块，一块一块连苗带土拿出来，将幼苗分开埋入定植穴中。注意尽量不要让根裸露出来，也不要把根弄断。

其他做法与育苗盆移栽一样。

动手做育苗和移栽：

请准备一个育苗箱。在箱里播种一样小菜，如菠菜、香葱、香菜、小白菜之类。长出几片真叶后，移栽到地里。

请准备几个育苗盆和托盘。在育苗盆里播种一样蔬菜，如豆类、花生、瓜类、大白菜、花菜之类。幼苗长出后，每穴逐渐间苗留下一株。适时移栽到地里。

选择好要种的菜后，先仔细阅读附录《常见蔬菜栽种资料》相应部分，了解栽种要点后，再动手栽种。如果你没有田地，可以用花盆或大的购物袋装上自制的堆肥当作田地。

第二节　田间管理

蔬菜种下后，还需要加以悉心照料，才有好收成。要每天到园子里走一走，看看菜苗是否长得太挤，有没有野草长起，有没有虫子来吃菜，需不需要浇水、追肥，是不是要搭架、绑蔓等。

这里介绍菜园主要事务的方法。

一、覆盖

覆盖的好处有许多，对此，"免耕菜园"的成功就是最好的证明。

覆盖可以减少水分的蒸发。覆盖物还可以吸收和存储大量的水分，慢慢地滋润下面的土壤。这在干燥炎热的季节尤为必要。

覆盖可以保护土壤免受雨水的直接冲刷，这样就大大地减少了水土流失，使土壤不致板结。

覆盖可以抑制野草的生长，节省了除草的工夫。

覆盖可以保持土壤温度稳定，使蔬菜不受天气骤冷或骤热的伤害。

覆盖可以保持地面干净。有一位女士说，她的菜园里由于采用了覆盖，就是穿着拖鞋在园子里散步也不会把脚弄脏。

除了这些好处外，覆盖物在日晒雨淋下，渐渐腐化分解，融入泥土中，也是上好的肥料。

可以用作覆盖物的东西有：稻草、麦秆、干草、落叶、锯木屑、棉籽、糠秕、碎树皮、海藻、贝壳、泥炭苔、碎石子、半熟的堆肥、豆科植物的残梗等。不过，锯木屑用来做覆盖时，最好下面先施一层粪肥，以提供锯木屑腐烂分解所需的氮。

覆盖的厚度要看用哪种覆盖物而定，落叶、干草之类蓬松的覆盖物需要 10~15 厘米的厚度，而泥炭苔、树皮、锯木屑之类只要 5 厘米也就够了。

当把覆盖物均匀地铺在田面、田间，以及蔬菜周围。但注意不要让覆盖物碰到菜茎。

不过，如果土壤太黏重，使用覆盖反而会有害无益。

二、除草

使用覆盖可以抑制绝大多数野草。偶尔长出几根，要么用手拔一拔，要么抱一把干草来盖住，也可以把它们闷死。

如果是开荒，可以用火烧的办法来除草。这样不但除了草，还给土壤施了肥，也调整了土壤的酸碱度。不过，在放火之前，事先要先开辟一道无草地带做防火隔离带，以免火势蔓延，烧毁周围的草木。

三、灌溉

人们往往以为蔬菜要每天浇水，其实不然。每天洒一点水，不如一个星期充分地浇一两次水。

因为，每天洒一点水，只有表面一层土壤会被湿润，蔬菜的根为了吸收水分就浮于地面，不能往下深扎。而一次浇足水，使深层的土壤都吸收到水分，当表层土壤渐渐变干时，蔬菜就会把根往深处扎，从深处吸收水分。

每次浇水要浇足，保证水分渗至 10~15 厘米深才好。在干燥炎热的季节，浇水次数可适当增加。不要等到蔬菜叶子发蔫了才浇水。

一般来说，育苗的时候需要多浇水，因为幼苗根浅，没有扎牢。等长大一些，根扎住了，要少浇一些水，促使根往下扎。但等开花结果时又要多浇一些水，以供应结果时的需要。待果实将近成熟时，要停止浇水，以减缓枝叶生长，将营养集中供给果实，促进果实成熟。

另外，浇水的多少也因蔬菜而异。喜湿的蔬菜要常浇水，耐旱的蔬菜要少浇水。根扎得浅的蔬菜要常浇水，根扎得深的蔬菜不必太常浇水。根浅的蔬菜，表土要保持湿润；而根深的蔬菜，等表层1~2厘米的土干了再浇水也没问题。

瓜果类的蔬菜，尤其是瓜类，在开花结果期间，需要非常勤地浇水，因为它们的果实含水量很高，结果需要耗费大量的水。不过在开花之前，只要注意覆盖，也不必过分浇水。黄瓜、丝瓜之类需水量非常大的蔬菜，可以在瓜藤旁边埋入一个大号花盆，盆底排水孔用一团泥巴堵住，盆里倒满水。这样，水可以慢慢渗透到土壤中，供水给瓜根。

块茎类蔬菜，像马铃薯、洋葱、芋头、大蒜、甘薯等蔬菜，在块茎形成后就要渐渐少浇水，最后停止浇水，以抑制地面茎叶的生长，把养分集中到块茎上。

浇水的时间，一般来说，冬天在上午太阳暖洋洋的时候浇水比较好，夏天则在早晨浇水可以供应一天的水分蒸发。冷天下午或晚上浇水会使土壤又湿又冷，容易引起根腐病和冻伤。

不要用洗碗水浇菜。

四、追肥

如果基肥不够，在开花结果之前和期间，还要进行追肥。平时，如果生长缓慢，发育不良，也要进行追肥。

追肥有以下几种做法：

将肥料溶解于水，或者将有机物放在水中发酵，制成液体肥料浇菜。要注意的是，不要将很浓的肥液泼到菜叶上，也不可离根太近，以免造成烧伤。这种方法见效很快。

在蔬菜旁挖一条浅沟，将肥料埋入，盖上土，浇些水。要注意的是，沟不要离菜太近，也不要碰到菜根。

一般来说，叶类菜需要经常的追肥。多施粪肥、液体豆肥等含氮高的肥料能使菜长得又快又大。

茄果和瓜类蔬菜如果底肥下得足，就不必追氮肥。如果底肥不足，在幼苗生长期可以追一些氮肥。长大后，太多的氮肥会使枝叶生长过旺，花期推迟，甚至不能开花结果。但可以在开花前，追一次磷肥和钾肥（如草木灰、海藻肥等），以促进开花结果。

根类蔬菜也是如此。太多的氮肥会使枝叶长得多，根却不长大。但可以追钾肥和磷肥以促进根系生长，以及糖分和淀粉的制造和储存。

五、搭架和插扦及立支柱

蔬菜的叶和果如果匍匐在地上，容易受到霉菌、虫害的侵袭。

所以，苦瓜、丝瓜、葫芦等大型蔓生蔬菜需要搭棚。南瓜虽然匍匐在地上也可以长，但是如果场地不够大，也可以搭棚，以节省空间。

黄瓜占地小一些，只要搭架就可以了。棚架的高度以方便摘瓜为准。

豌豆、四季豆、豇豆、扁豆等蔓生蔬菜需要插扦或搭架。扦架的高度以方便摘豆为准。

山药也需要插扦或搭架，做法和豆扦、豆架差不多，只是高度为 2 米或更高一些，会更好看和通风一些。

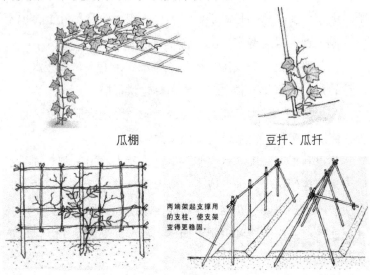

瓜棚　　　　　　　豆扦、瓜扦

两端架起支撑用的支柱，使支架变得更稳固。

豆架、黄瓜架

　　向日葵、番茄、茄子等蔬菜虽然不是蔓生蔬菜，但也需要立支柱，才不致倒伏在地。用软布条先在支柱上紧紧缠绕两圈，再绑在蔬菜的主茎上，可以防止打滑。注意不要让支柱压迫枝干或果实。

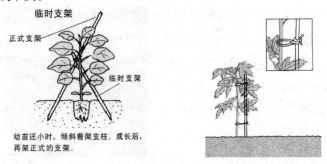

临时支架

正式支架

临时支架

幼苗还小时，倾斜着架支柱。成长后，再架正式的支架。

蔬菜的支架

除此之外，向日葵花盘如果很重，也需要用花托来支撑花盘。

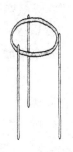
向日葵的花架

六、修理

瓜果类蔬菜需要及时修理，才能结出又大又好吃的果实。

番茄需要及时摘除腋芽，适时地摘除主芯。

茄子需要及时地摘除主芯、腋芽，剪枝。

黄瓜、丝瓜、南瓜、苦瓜、葫芦等瓜类蔬菜都要适时地摘芯、剪藤。

具体的操作，请参阅第五章。

另外，花卉若要花开不败，就要经常采撷它的花。植物结种的本能会使它一直开花，直到结籽，等结了籽，就不再开花了。

七、人工授粉

南瓜、黄瓜、西瓜、丝瓜、葫芦等瓜类蔬菜的花分雌花和雄花。雌花如果没有授粉就不能结出瓜来。如果当地少见蜜蜂，就要进行人工授粉。

怎样辨认雌花、雄花呢？

雌花花蒂下面膨胀出来，看上去好像有一个小瓜儿似的，雄花花蒂下面则没有小瓜儿。

由于花粉容易散失，人工授粉在上午 8:00 之前进行，选择初开的雄花和雌花，才比较容易成功。

先将雄花采下，摘除花瓣。然后用雄蕊轻轻地摩擦雌花的柱头，使花粉落在柱头上。为了增加成功的机会，可以用几朵雄花为一朵雌花授粉。

人工授粉后几天，雌花谢落后，如果花蒂开始膨胀，就说明授粉成功了。不然，就是失败了。

八、日常田间事务清单

（1）是否需要浇水。

（2）需不需要间苗。

（3）是否需要追肥或培土。

（4）番茄、向日葵要不要立支柱。

（5）瓜豆山药之类需不需搭架。

（6）茄果要不要摘除腋芽。

（7）瓜类要不要修理藤蔓。

（8）瓜类需不需要人工授粉。

（9）有没有虫害，随手摘除遭虫害的枝叶。

（10）要不要添加覆盖物。

（11）花卉需不需要采撷。

（12）有没有成熟的蔬菜需要采收。

第三节　轮　作

一、轮作的基本原理

我们在前面提到过，如果在同一块地里，年复一年地种植同一科的蔬菜，病虫害就会越来越严重。因为，同一科的蔬菜往往会受同一种病虫害的攻击。但是为害某一科蔬菜的病虫害却往往不侵扰另一科蔬菜。

所以，如果我们在一块地里每年种上不同科的蔬菜，就可以大大减少病虫害的侵扰。这就是轮作的基本原理。

轮作一般以 3~6 年为一个周期。将地分成几块，每年在这几块地里轮流种不同科的蔬菜。

我们以 6 年为例来说明具体的做法。

先将地分成 6 块。

将蔬菜也分成 6 大类。分类的时候，尽量将同一科蔬菜分为一类，某些小的科可以合并，只要尽量将习性相似的蔬菜和适合共生的蔬菜分在一起。

下面是一种可能的分法：

A．豆科、玉米、向日葵；

B．瓜类、芋头；

C．茄科；

D．白菜科、甜菜科、空心菜、苋菜；

E．胡萝卜科、葱科、生菜、莴苣；

F．薯芋类和芝麻：甘薯、山药、芝麻等。

然后在 6 块地里轮流种这 6 类蔬菜，6 年轮换一次，像下面这样：

第一年：

A．豆科、玉米、向日葵	B．瓜类和芋头	C.茄科	D．白菜科、甜菜科、空心菜、苋菜	E．胡萝卜科、葱科、生菜、莴苣	F.薯芋类和芝麻:甘薯、山药、芝麻等

第二年：

B.瓜类和芋头	C.茄科	D.白菜科、甜菜科、空心菜、苋菜	E.胡萝卜科、葱科、生菜、莴苣	F.薯芋类和芝麻：甘薯、山药、芝麻等	A.豆科、玉米、向日葵

第三年：

C.茄科	D.白菜科、甜菜科、空心菜、苋菜	E.胡萝卜科、葱科、生菜、莴苣	F.薯芋类和芝麻：甘薯、山药、芝麻等	A.豆科、玉米、向日葵	B.瓜类和芋头

第四年：

D.白菜科、甜菜科、空心菜、苋菜	E.胡萝卜科、葱科、生菜、莴苣	F.薯芋类和芝麻：甘薯、山药、芝麻等	A.豆科、玉米、向日葵	B.瓜类和芋头	C.茄科

第五年：

E.胡萝卜科、葱科、生菜、莴苣	F.薯芋类和芝麻：甘薯、山药、芝麻等	A.豆科、玉米、向日葵	B.瓜类和芋头	C.茄科	D.白菜科、甜菜科、空心菜、苋菜

第六年：

F.薯芋类和芝麻：甘薯、山药、芝麻等	A.豆科、玉米、向日葵	B.瓜类和芋头	C.茄科	D.白菜科、甜菜科、空心菜、苋菜	E.胡萝卜科和葱科

这样，每一种蔬菜6年才在同一块地里种一次，病虫害就没有机会累积起来进行攻击了。

这是轮作的基本做法，实际上，我们往往还需要考虑具体的情况，做一些调整。

二、考虑季节

一般蔬菜分春秋两季。考虑季节，我们可以把上面的轮作图细分，变成这个样子：

春/夏

A.豆科、玉米、向日葵	B.瓜类和芋头	C.番茄、茄子、青椒、辣椒	D.白菜科、短季菜、空心菜、苋菜	E.胡萝卜科、葱科	F.薯芋类和芝麻：甘薯、山药、芝麻等

秋/冬

绿肥植物	绿肥植物	C.马铃薯	D. 白菜科长 季 菜 、甜菜科	E. 胡萝卜科、葱科、生菜、莴苣	绿肥植物

三、按高矮来轮作

有时，菜园的地形和位置需要我们将高的蔬菜种在一个地方，矮的蔬菜种在另一个地方。这时，我们就要在两个地方各自实行轮作。

高的蔬菜有：瓜类除了南瓜、西瓜外，其他有蔓生豆类、山药、向日葵、玉米等；

中等高度的蔬菜有：番茄、茄子、芝麻、青椒、马铃薯、矮生豆类等；

矮的蔬菜有：白菜科、胡萝卜科、葱科、甘薯、南瓜、西瓜、甜菜科等。

四、按习性来轮作

有时，菜园的地形和位置需要我们将喜湿的蔬菜种在一个地方，耐旱的蔬菜种在另一个地方。这时，我们也要在两个地方各自实行轮作。

喜湿的蔬菜　芋头、瓜类（除了南瓜、西瓜外）、芹菜、空心菜等。

不耐旱的蔬菜　白菜科、胡萝卜科、葱科、茄科、甜菜科等。

耐旱的蔬菜　甘薯、花生、大豆、绿豆、山药、南瓜、西瓜、芝麻、向日葵、玉米等。

第四节 一年农事安排

根据你的规划，安排好一年的农事，并在纸上写、画出来，贴在墙上，这样就可以有条不紊、从容不迫地做事了。

不要忘记秋季收割完后，要为来年春季预备土壤。还有冬季是修理和保养农具的时候。农具该上油的要上油，该磨利的要磨利，该修理的要修理，该添置的要添置，这样开春时才不致手忙脚乱。

表 4-3 是一张根据自然历做的一年农事表，供读者参考。

表4-3　一年农事表

时节		农事活动
开春	荠菜长出	为春季栽种预备土壤
	荠菜开花	
	水仙花开	北方可以在地里种耐寒型蔬菜：蚕豆、豌豆、油菜、芦笋、辣根等
		喜寒型蔬菜可以在温室里育苗
		南方可以在地里种快熟的喜寒型蔬菜：菠菜、生菜、小白菜、上海青、茼蒿菜、樱桃小萝卜等
		喜热型的蔬菜可以在温室里育苗
初春	柳树萌芽	北方可以在地里种喜寒型蔬菜：大白菜、白萝卜、胡萝卜、芜菁、马铃薯、菠菜、卷心菜、花菜、西兰花、洋葱、生菜、甜菜、芥菜、甘蓝、芹菜、小白菜、上海青、香菜、韭菜、葱，茼蒿菜等
	迎春花开	
	榆树花开	喜热型的蔬菜可以在温室里育苗
	春雷初响	
	蜜蜂初现	南方可以在地里种快熟的喜寒型蔬菜：菠菜、生菜、小白菜、上海青、茼蒿菜、樱桃小萝卜等
	蒲公英花开	喜热型的蔬菜可以在温室里育苗
	水杉出芽	
	杏树开花	
	油菜开花	
	刺槐出芽	
	毛桃开花	

（续表）

时节		农事活动
中春	解霜	可以在地里栽种喜热型蔬菜：南瓜、黄瓜、葫芦、苦瓜、丝瓜、大豆、玉米、芋头、向日葵、各种菜豆、空心菜，番茄、茄子、青椒、甘薯、花生、西瓜、苋菜等
	蛙始鸣	
	牡丹花开	
	紫藤花开	
	杜鹃花开	
晚春	布谷鸟初啼	早稻插秧
	刺槐开花	
	野蔷薇花开	
	葡萄花开	
夏季	蝉始鸣	种芝麻
	荷花开	
	女贞花开	
	槐树花开	
初秋	蝉终鸣	栽种喜寒型蔬菜：大白菜、白萝卜、胡萝卜、小萝卜、马铃薯、菠菜、卷心菜、花菜、花椰菜、洋葱、生菜、甜菜、芥菜、甘蓝、芹菜、小白菜、上海青、香菜、韭菜、葱、茼蒿菜等
中秋	蛙终鸣	栽种耐寒型蔬菜：蚕豆、豌豆、油菜、芦笋、辣根等
晚秋	野菊花前盛开	采收秋季蔬菜
	降霜前	翻耕土地，做好覆盖，防止害虫产卵
		种小麦，种绿肥
冬季	蜜蜂匿迹	为来年做计划
	水杉落叶完	预备种子和肥料
	刺槐落叶完	修理、添置农具
	榆树落叶完	
	柳树落叶完	

第五章　常见蔬菜栽种

第一节　番　茄

植物分类　茄科。

土壤酸碱度　pH值在6~7最好。

发芽天数　5~10天。

成熟天数　100~150天，开花后
45~50天结果。

株　　距　45厘米。

种子覆土深度　3毫米。

栽种时间　春季青蛙开始叫后
1~2周便可以开始在地里栽种。在寒冷的地区，必须先在温室里育苗，育苗要提前6~8周。

特　　性　原产于南美西海岸安第斯山区的秘鲁。是一种喜高温和日照的植物。每天日照至少要8小时。不需要太多的氮肥，却需要多施一些磷肥和钾肥，以促进根系生长和开花结果。成熟时根深可达2~3米，比较耐旱。但在开花结果的时候，需要充足的水。

不要种在核桃树周围，不要施用烟草灰或用烟草秆做的肥料，也不可和烟草种在一起。番茄对煤气也非常过敏。

育　　苗　先按一份堆肥、一份沙子、两份普通土的比例配置育苗土。在育苗箱中撒种播种，待长出一对真叶后，移栽到育苗盆里。幼苗需要多晒太阳，水不要浇太多，表土要保持干爽，防止烂根。

定　　植　先配制肥料：2份棉籽、1份磷灰石、4份草木灰。每株50克。堆肥或干粪每株250克。干禽粪或骨渣每株一小铲（移栽铲）。

移　　栽　在定植穴中倒入配好的肥料，如能再加上一把海藻肥最好。盖上一层土。再把幼苗连盆放入，埋好。苗要种得深一些，土可以盖到叶子下面。然后将育苗盆拔出地面2~3厘米，做防地老虎的保护套。施一些液体肥，浇足水。周围铺上覆盖物。

直接撒种栽种　先在定植穴中倒入基肥，然后用土将穴填平。上面撒上5~6粒种子，用薄土盖好。待幼苗长出3~4片真叶后，间苗留下最健壮的一棵。在幼苗周围铺上覆盖物。

如果你的菜园是"免耕菜园"，先撒基肥，然后把幼苗连盆放在上面，周围铺上堆肥，将幼苗埋好，周围铺上覆盖物。

立　支　柱　幼苗时就要立支柱。支柱要有1.5~2米，入土30厘米。

日　常　管　理　在开花前，如果没有雨，一周浇一次水就够了。开花后，要多浇一些水，因为结果要消耗很多水分。

结果期间，多进行追肥，可促进果实生长。

要注意覆盖，可减少水分蒸发，在结果时还能保持果实清洁。

修　　理　移栽前开的花必须摘除，不然会影响后来结果。

　　　　　　腋芽一长出就要摘除，抑制侧枝生长，只留主芯生长，让果实集中生长在主茎上。

　　　　　　开始采收后，就要摘除主芯以及所有腋芽。此后开的花也都要摘除。这样可以让养分集中供给已有的果实。

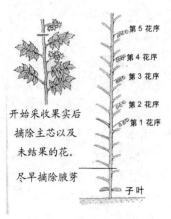

开始采收果实后
摘除主芯以及
未结果的花。

尽早摘除腋芽

第5花序
第4花序
第3花序
第2花序
第1花序

子叶

采　　收　果实开始变红后6天可以采收。青果和红果开始发软的果子都不好。

　　　　　　初霜来临前要把所有的果子都采收起来。青果可以放在阳光下晒，使其继续成熟。其他的果子可以用报纸包起来保存在阴暗、通风的地方。

病　虫　害　裂果：是缺水后突然浇水造成的。

　　　　　　蒂腐病：太干或太湿都会造成这个问题。

　　　　　　疫病、枯萎病、苗枯病等。

　　　　　　地老虎、番茄天蛾、线虫等。

第二节　茄　子

植 物 分 类　茄科。

土壤酸碱度　pH值在6~7最好。

发 芽 天 数　0~12天。

催　　　芽　播种前将种子在温
　　　　　　水中浸泡一夜，可
　　　　　　加快发芽。

成 熟 天 数　80~150天。

株　　　距　45厘米。

种子覆土深度　6毫米。

栽 种 时 间　春季青蛙开始叫后3~4周，或是橡树展叶时，便可
　　　　　　以开始在地里栽种。

　　　　　　在寒冷地区，必须先在温室里育苗，育苗要提前
　　　　　　8~10周。

特　　　性　原产于南亚热带地区的印度。是一种喜高温高湿
　　　　　　和日照的植物。茄子非常吃肥，不但需要氮肥，
　　　　　　促进枝叶生长，还要多施用磷肥和钾肥，促进根
　　　　　　系生长和开花结果。茄子喜湿，尤其在开花结果
　　　　　　的时候，更需要充足的水。

　　　　　　不要施用烟草灰或用烟草秆做的肥料，也不要和
　　　　　　烟草种在一起。

育　　　苗　先在育苗箱中撒种播种，待长出一对真叶后，移
　　　　　　栽到育苗盆里。

幼苗需要多晒太阳，多浇水，保持温暖。

定　　植　先配制肥料：1份磷灰石、3份海绿石砂（或干海藻，或花岗岩石粉）、2份草木灰。每株30克。堆肥或干粪，每株1千克。干禽粪或骨渣每株一小铲（移栽铲）。

移　　栽　在定植穴中倒入配好的肥料，盖上一层土。再把幼苗连盆放入，埋好。然后将育苗盆拔出地面2~3厘米，做防地老虎的保护套。施一些液体肥，浇足水。周围铺上覆盖物。

直接撒种栽种　先在定植穴中倒入肥料，然后用土将穴填平。上面撒上3~4粒种子，用土盖好。待幼苗长出3~4片真叶后，间苗留下最健壮的一棵。在幼苗周围铺上覆盖物。

如果你的菜园是"免耕菜园"，先撒基肥，然后把幼苗连盆放在上面，周围铺上堆肥，将幼苗埋好，周围铺上覆盖物。

日 常 管 理　茄子喜湿，要注意浇水和覆盖。

结果期间，要多追肥，可促进果实生长。

修　　理　保留主枝以及初花下方的两个侧枝，形成三叉式结构。其他腋芽一长出就要摘除。

另外，低处的叶子要摘除，以便通风；高处太密的叶子要疏落一些，使得每只茄子都能够得到充足的日照。日照不足的茄子颜色浅淡无光。

第一批茄子采收后，在南方，还可进行一次剪枝和追肥，促使新的枝叶生长，培育秋茄。

怎样为茄子剪枝

采　　收　幼茄鲜美多汁。第一批茄子当趁嫩采收。

秋茄可待茄皮上出现一层光泽后再收。如果没有刮伤外皮，放在阴凉的地方可以存放几个月。

病 虫 害　苗枯病、疫病。

地老虎、28星瓢虫、红蜘蛛、线虫等。

第三节　马铃薯

植 物 分 类　茄科。

土壤酸碱度　喜酸性土壤，pH值在4.8~6.5最好。在碱性土壤中，马铃薯容易得痂病。

发 芽 天 数　2~3周。

成 熟 天 数　栽种后6~7周就可以挖小马铃薯了，但14~16周才完全成熟。

株　　距　30厘米。

种薯覆土深度　5~7厘米。

栽种时间　春季：北方柳树萌芽时在地里栽种；南方荠菜初生时在地里栽种。秋季：蝉停叫后种下。

特　　性　原产于南部智利，是一种喜欢凉爽气候的植物。马铃薯很少结籽，而是从地下的块茎发芽长出来的。块茎暴露在阳光下会变绿，产生一种叫龙葵素的有毒物质。

马铃薯比较耐旱，但根很浅。所以要注意覆盖。

马铃薯喜酸性土壤，栽种马铃薯时，不宜施用草木灰或石灰石粉。丰富的钾肥能使马铃薯香糯，钾肥不足的马铃薯不糯。栽种前个把月，如能先将豆科绿肥翻入土中最好。

不要施用烟草灰或用烟草秆做的肥料，也不可和烟草种在一起。

选择种薯　不要用菜市上买的马铃薯做种；要用专门培育的无菌种薯来种。选择鸡蛋大小、表皮光滑的种薯，上面的芽眼不要超过3个。如果一定要用大个的种薯，就切成块，每块差不多鸡蛋大小，上面的芽眼不超过3个，将切块凉几天后再种，以防病菌感染。

先将种薯放在光亮处曝光2~3周，常常翻转使其均匀变绿。待长出6毫米左右长的粗芽后，再种到地里去。芽又细又长的种薯要丢弃不用。

栽　　种　先配制肥料：2份棉籽、1份磷灰石、2份花岗岩石粉（或海绿石砂，或海藻肥）。每株25克。干羊粪，每株一小铲。

挖出定植穴，将种薯放入，撒上配好的肥料，以及堆肥（或干粪），将种薯埋好。注意种薯入土深度为5~7厘米。周围铺上10厘米厚的覆盖物。等幼苗长出后，再逐渐添加覆盖，不让块茎露出来。

如果是"免耕菜园"，不必挖沟，直接将种薯摆在旧的覆盖物上，然后撒上肥料，再盖上一层15厘米厚的覆盖物。随着幼苗长大，还要再加覆盖物，使块茎不露出来。

日常管理 马铃薯比较耐旱。在开花前，需要浇一些水。开花后，要渐渐减少浇水，等枝叶开始枯黄时，就要完全断水，以促进块茎成熟。

注意培土或覆盖，不要让块茎裸露出来。

采　　收 栽种后6~7周，或者说开花后，就可以挖出小马铃薯了。小马铃薯鲜美多汁，非常好吃，不过不宜保存。

等大部分枝叶都枯黄了，马铃薯才完全成熟。在北方，可以将马铃薯留在地里过冬，但在天气转暖之前一定要收起，不然会在地里发芽。

将马铃薯挖出，在地里晾1~2小时，再收放在黑暗阴凉的地方保存。温度保持2~5℃，略为潮湿最好。

病　虫　害 马铃薯痂病、疫病。

马铃薯瓢虫、马铃薯叶甲等。

第四节　青椒、辣椒

植物分类	茄科。
土壤酸碱度	pH值在6~7最好。
发芽天数	7~14天。
成熟天数	14~18周。
株　距	30~45厘米。
种子覆土深度	6毫米。

栽种时间　春季青蛙开始叫后2周便开始在地里栽种。在寒冷的地区，必须先在温室里育苗。育苗要提前6~8周。

特　性　原产于南美西海岸安第斯山区的秘鲁。是一种喜高温和日照的植物。每天日照至少要8小时。需要多施一些磷肥和钾肥，以促进根系生长和开花结果。幼苗时，也需要适量施用一些氮肥，以促进枝叶繁茂，可以减少落果。

辣椒比较耐旱，但开花结果时如果太干燥炎热，会出现落果。

不要施用烟草灰或用烟草秆做的肥料，也不要和烟草种在一起。

育　苗　先在育苗箱中撒种播种，待长出一对真叶后，移栽到育苗盆里。

幼苗要注意日照、浇水和通风。

定　　植　先配制肥料：1份磷灰石、3份海绿石砂（或干海藻，或花岗岩石粉）、2份草木灰。每株30克。堆肥或干粪，每株250克。干禽粪或骨渣每株一小铲（移栽铲）。

移　　栽　在定植穴中倒入配好的堆肥，盖上一层土。再把幼苗连盆放入，埋好。然后将育苗盆拔出地面2~3厘米，做防地老虎的保护套。施一些液体肥，浇足水。周围铺上覆盖物。

直接撒种栽种　先在定植穴中倒入肥料，然后用土将穴填平。上面撒上6~8粒种子，用薄土盖好。待幼苗长出3~4片真叶后，间苗留下最健壮的一棵。在幼苗周围铺上覆盖物。

　　　　　　如果你的菜园是"免耕菜园"，先撒上基肥，然后把幼苗连盆放在上面，周围铺上堆肥，将幼苗埋好，周围铺上覆盖物。

日 常 管 理　在长根期间需浇一些水，待根扎住了，就可以少浇水了。开花时，又要多浇一些水，因为结果要消耗一些水分。要注意覆盖。

　　　　　　结果期间多追肥，可促进果实生长。

采　　收　青椒等果实变结实后采收，放在潮湿阴凉的地方保存。

　　　　　　红椒则要等果实红透了再采收。连根拔起，倒挂在通风的地方晒干，然后串起来挂在厨房里。

病 虫 害　苗枯病、炭疽病、马赛克、疫病等。

　　　　　　地老虎、斜纹夜蛾、食心虫（主要是棉铃虫和烟青虫）、蜘蛛等。

第五节 黄 瓜

植 物 分 类　葫芦科。

土壤酸碱度　pH值在5.5~6.8最好。

发 芽 天 数　8~10天。

成 熟 天 数　60~75天。

株　　　距　30厘米。

种子覆土深度　12毫米。

栽 种 时 间　春季青蛙开始叫后1~2周
　　　　　　便可以在地里栽种。

　　　　　　在寒冷的地区，必须先
　　　　　　在温室里育苗。育苗要提前2~4周。

特　　　性　原产于南亚热带地区的印度。是一种喜高温高湿
　　　　　　和日照的植物。果实95%是水，加上叶面蒸发量
　　　　　　大，是需水量非常大的蔬菜，但根部不可积水。
　　　　　　黄瓜也非常吃肥，需多多施肥。

　　　　　　花分雄花、雌花，雄花多于雌花。日照太长，会
　　　　　　造成落花。枝叶茂密可以减少落花。所以，幼苗
　　　　　　时底肥要足，促使枝叶生长。

育　　　苗　用育苗盆育苗。每盆埋入3粒瓜子，待长出3~4片
　　　　　　真叶后，间苗留下最健壮的一棵。

　　　　　　幼苗需要多晒太阳，注意浇水和保温。

定　　　植　先配制肥料。为每棵黄瓜配：2~3铲堆肥或干粪，
　　　　　　两把磷灰石粉或骨渣，一把草木灰（或海绿石
　　　　　　砂，或海藻肥）。

移　　栽　挖出定植穴，倒入肥料，盖上一层土。再把育苗盆放入埋好。施一些液体肥，浇足水。周围铺上覆盖物。

直接撒种栽种　先在定植穴中倒入肥料，然后用土将穴填平，上面撒上3粒种子，用薄土覆盖。待幼苗长出3~4片真叶后，间苗留下最健壮的一棵。在幼苗周围铺上覆盖物。

如果你的菜园是"免耕菜园"，先撒基肥，然后把幼苗连盆放在上面，周围铺上堆肥，将幼苗埋好，周围铺上覆盖物。

搭　　架　黄瓜需要搭架。关于瓜架怎么搭，请看第五章田间管理。

日常管理　黄瓜需水量很大，尤其是开花结果期间，更是需要水。要多浇水，注意覆盖。

结果期间多追肥，可促进果实生长。

修　　理　移栽前开的花必须摘除，不然会影响后来结果。

在幼苗上架之前，摘除所有侧芽，促进主藤生长；上架后，则放任侧藤生长。主藤爬到架顶后，摘除主芯，以控制高度。

病瓜要及时摘除。

采　　收　黄瓜要趁嫩、表皮呈深绿色时采收，不要等瓜皮变黄。

病虫害　黄萎病。

地老虎、黄守瓜。万寿菊能驱除黄守瓜，与黄瓜种在一起可以防虫。

第六节　苦　瓜

植物分类　葫芦科。

土壤酸碱度　pH值在6~6.5最好。

发芽天数　4~10天。

催　　芽　种子壳很硬，要先放在
　　　　　45~55℃的热水中烫20分
　　　　　钟，然后放在30℃的温水
　　　　　中浸泡24小时，再播种。

成熟天数　3个月以内。栽种后5~6
　　　　　周就会开花，开花后15~20天就可以采摘。

株　　距　3米。

种子覆土深度　12毫米。

栽种时间　春季青蛙开始叫后2~3周便可以开始在地里栽种。
　　　　　在寒冷的地区，必须先在温室里育苗。育苗要提
　　　　　前2~4周。

特　　性　原产于东南亚热带地区。是一种喜高温高湿和日
　　　　　照的植物。像黄瓜一样，苦瓜需水量也非常大，
　　　　　非常吃肥，需多施肥浇水。苦瓜喜欢排水性好的
　　　　　土壤，不喜欢根部积水。
　　　　　花分雄花、雌花。日照不足会出现落花落果。

育　　苗　用育苗盆育苗。每盆埋入3粒瓜子，待长出4~5片
　　　　　真叶后，间苗留下最健壮的一棵。
　　　　　幼苗需要多晒太阳，注意浇水和保温。

定　　植　先配制肥料。为每棵瓜苗配：2~3铲堆肥或干粪，两把磷灰石粉或骨渣，一把草木灰（或海绿石砂，或海藻肥）。

移　　栽　挖出定植穴，倒入肥料，盖上一层土。再把幼苗连盆放入，用土埋好。施一些液体肥，浇够水。周围铺上覆盖物。

直接撒种栽种　先在定植穴中倒入肥料，然后用土将沟填平。上面撒上3粒种子，埋好。待幼苗长出4~5片真叶后，间苗留下最健壮的一棵。在幼苗周围铺上覆盖物。

　　　　　如果你的菜园是"免耕菜园"，先撒基肥，然后把幼苗连盆放在上面，周围铺上堆肥，将幼苗埋好，周围铺上覆盖物。

搭　　棚　苦瓜需要搭棚。关于瓜棚怎么搭，请看田间管理。

日常管理　苦瓜需水量很大，尤其是开花结果期间，更是需要水。要多浇水，注意覆盖。

　　　　　结果期间多追肥，可促进果实生长。

修　　理　移栽前开的花必须摘除，不然会影响后来结果。

　　　　　在幼苗上架之前，摘除所有侧芽，促进主藤生长；上架后，允许侧藤生长；主藤、侧藤上均会生瓜。

　　　　　病瓜要及时摘除。

采　　收　苦瓜要趁嫩采收，开花后15~20天就可以采摘。经常采摘可以促进新瓜生长。

病虫害　疫病、马赛克、锈病、白粉病。

　　　　　地老虎、黑守瓜、南瓜天牛、瓜藤蛀虫。

第七节 丝 瓜

植 物 分 类 葫芦科。

土壤酸碱度 pH值在6~6.5最好。

发 芽 天 数 4~10天。

催　　芽 种子壳很硬，要先放
在45~55℃的热水中
烫20分钟，然后放在
30℃的温水中浸泡24小时，再播种。

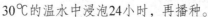

成 熟 天 数 60~70天可采收，可采收45~60天。

株　　距 3米。

种子覆土深度 12毫米。

栽 种 时 间 春季青蛙开始叫后2~3周便可以在地里栽种。
在寒冷的地区，必须先在温室里育苗。育苗要提
前4~6周。

特　　性 原产于南亚热带地区。是一种喜高温高湿和日照
的植物。丝瓜需水量非常大，也非常吃肥，需多
多施肥浇水。浇水不足会造成果实畸形。种在水
边的丝瓜长得最好。
花分雄花、雌花。在蜜蜂少见的地区，需进行人
工授粉。

育　　苗 用育苗盆育苗。每盆埋入3粒瓜子，待长出2~3片
真叶后，间苗留下最健壮的一棵。
幼苗需要多晒太阳，注意浇水和保温。

定　　植　　先配制肥料。为每棵瓜苗配：一桶堆肥或干粪，
　　　　　　两把磷灰石粉或骨渣，一把草木灰（或海绿石
　　　　　　砂，或海藻肥）。

移　　栽　　挖出定植穴，倒入肥料，盖上一层土。再把幼苗
　　　　　　连盆放入，用土埋好。施一些液体肥，浇足水。
　　　　　　周围铺上覆盖物。

直接撒种栽种　先在定植穴中倒入肥料，然后用土将沟填平。上面
　　　　　　撒上3粒种子，埋好。待幼苗长出2~3片真叶后，间
　　　　　　苗留下最健壮的一棵。在幼苗周围铺上覆盖物。

　　　　　　如果你的菜园是"免耕菜园"，先撒基肥，然后
　　　　　　把幼苗连盆放在上面，周围铺上堆肥，将幼苗埋
　　　　　　好，周围铺上覆盖物。

搭　　棚　　丝瓜需要搭棚。关于瓜棚怎么搭，请看田间管理。

日常管理　　丝瓜需水量很大，要多浇水，尤其是开花结果期
　　　　　　间，更是不可断水。注意覆盖。

　　　　　　结果期间多追肥，可促进果实生长。

人工授粉　　在蜜蜂少见的地区，需进行人工授粉。

修　　理　　移栽前开的花必须摘除，不然会影响后来结果。

　　　　　　在幼苗上架之前，摘除所有侧芽，促进主藤生
　　　　　　长；上架后，留2~3条健壮的侧藤。

　　　　　　病瓜要及时摘除。

采　　收　　丝瓜要趁嫩，指甲可以轻易掐破瓜皮时采收。一
　　　　　　般开花后10天，就可以采摘。经常采摘可以促进
　　　　　　新瓜生长。

　　　　　　如果想要丝瓜芯，等采收够了后再留起几个老

瓜。不要太早留，因为留了老瓜的藤就不再长幼瓜了。等瓜变干、变轻后摘下。浸泡在热水里，把瓜皮剥除，掏出瓜子，洗干净，晒干，即可。

病 虫 害 疫病、霜霉病。

黑守瓜、南瓜天牛、瓜藤蛀虫等。

第八节 葫 芦

植 物 分 类 葫芦科。

土壤酸碱度 pH值在6~6.5最好。

发 芽 天 数 4~10天。

催 芽 种子壳很硬，要先放在45~55℃的热水中烫20分钟，然后放在30℃的温水中浸泡24小时，再播种。

成 熟 天 数 90~150天，株距3米，种子覆土深度12毫米，栽种时间春季青蛙开始叫后2~3周便可以开始在地里栽种。

在寒冷的地区，必须先在温室里育苗。育苗要提前4~6周。

特 性 原产于东南亚热带地区。是一种喜高温高湿和日照的植物。葫芦需水量非常大，也非常吃肥，需多多施肥浇水。浇水不足会造成果实畸形。种在水边的葫芦长得最好。

花分雄花、雌花。在蜜蜂少见的地区，需进行人工授粉。

育　　苗　用育苗盆育苗。每盆埋入3粒瓜子，待长出3~4片真叶后，间苗留下最健壮的一棵。

幼苗需要多晒太阳，注意浇水和保温。

定　　植　先配制肥料。为每棵苗配1桶堆肥或干粪，两把磷灰石粉或骨渣，一把草木灰（或海绿石砂，或海藻肥）。

移　　栽　挖出定植穴，倒入肥料，盖上一层土。再把幼苗连盆放入，用土埋好。施一些液体肥，浇足水。周围铺上覆盖物。

直接撒种栽种　先在定植穴中倒入肥料，然后用土将沟填平。上面撒上3粒种子，埋好。待幼苗长出3~4片真叶后，间苗留下最健壮的一棵。在幼苗周围铺上覆盖物。

如果你的菜园是"免耕菜园"，先撒基肥，然后把幼苗连盆放在上面，周围铺上堆肥，将幼苗埋好，周围铺上覆盖物。

搭　　棚　葫芦需要搭棚。关于棚怎么搭，请看田间管理。

日 常 管 理　葫芦需水量很大，要多浇水，尤其是开花结果期间，更是不可断水。注意覆盖。

结果期间多追肥，可促进果实生长。

人 工 授 粉　在蜜蜂少见的地区，需进行人工授粉。

修　　理　移栽前开的花必须摘除，不然会影响后来结果。

在幼苗上架之前，摘除所有侧芽，促进主藤生长；上架后，摘除主芯，促使侧藤生长。枝叶如果太茂密，需要疏落一些，以免太阴暗，影响幼瓜生长。

病瓜要及时摘除。

采　　收　葫芦要趁嫩，指甲可以轻易掐破瓜皮时采收。一般开花后20天，就可以采摘。经常采摘可以促进新瓜生长。

病　虫　害　枯萎病、炭疽病。

　　　　　　地老虎、南瓜天牛、瓜藤蛀虫等。

第九节　南　瓜

植 物 分 类　葫芦科。

土壤酸碱度　pH值在6~8最好。

发 芽 天 数　4~10天。

成 熟 天 数　4个月。

株　　　距　2米。

种子覆土深度　25毫米。

栽 种 时 间　春季青蛙开始叫后2~4周便可以开始在地里栽种。

　　　　　　在寒冷的地区，必须先在温室里育苗。育苗要提前4~6周。

特　　性　原产于中南美洲的热带地区。喜欢晴朗无云炎热的天气，来使果实成熟。肥沃的沙壤土最适合栽种南瓜。成熟后，根深可达2米，因此比较耐旱。

　　　　　　花分雄花、雌花。在蜜蜂少见的地区，须进行人工授粉。

育　　苗　用育苗盆育苗。每盆埋入3粒瓜子，待长出3~4片真叶后，间苗留下最健壮的一棵。

　　　　　　幼苗需要多晒太阳，注意浇水和保温。

定　　植　先配制肥料。为每棵瓜配：1~2桶堆肥或干粪，两把磷灰石粉或骨渣，一把草木灰或海绿石砂或海藻肥。

移　　栽　挖出定植穴，倒入肥料，盖上一层土。放入幼苗，埋好。施一些液体肥，浇足水。周围铺上覆盖物。

直接撒种栽种　先在定植穴中倒入肥料，然后用土将穴填平。上面撒上3粒种子。待幼苗长出3~4片真叶后，间苗留下最健壮的一棵。在幼苗周围铺上覆盖物。

如果你的菜园是"免耕菜园"，先撒基肥，然后把幼苗连盆放在上面，周围铺上堆肥，将幼苗埋好，周围铺上覆盖物。

搭　　棚　南瓜可以匍匐在地上生长。但如果要省空间，也可以搭起瓜棚。瓜棚怎么搭，请读田间管理。

日 常 管 理　南瓜比较耐旱，不需要经常浇水，但要注意覆盖。开花结果期间，浇1~2次水就可以了。结果期间追肥，可促进果实生长。

修　　理　移栽前开的花必须摘除，不然会影响后来结果。

南瓜主要长在主藤上，所以不要把主芯弄断，侧藤可留2~3条健壮的，其余的侧藤要剪除。

病瓜要及时摘除。当瓜结得够多时，就要把主藤和侧藤的芯都摘掉，还未结果的花也要打落，使营养集中供给已有的瓜。如果想要瓜长得大，就不要保留太多的瓜。

人 工 授 粉　在蜜蜂少见的地区，需要进行人工授粉。

采　　收　等瓜皮变硬，指甲不易掐破时采收。连着一寸长的瓜藤割下，先在地里晾上2~3周，再收藏在干燥阴凉的地方。在10℃的温度下，可以保存数个月。

病　虫　害　枯萎病、炭疽病和霜霉病。

地老虎、瓜蝇、南瓜椿象、南瓜天牛。

和旱金莲、矮牵牛或芜菁种在一起，可以防南瓜椿象。

第十节　西　瓜

植 物 分 类　葫芦科。

土壤酸碱度　pH值在6~7最好。

发 芽 天 数　3~12天。

成 熟 天 数　75~100天。

株　　　距　1.2~2米。

种子覆土深度　25毫米。

栽 种 时 间　春季青蛙开始叫后2
周便可以开始在地里栽种。

在寒冷的地区，必须先在温室里育苗。育苗要提前3~4周。

特　　　性　原产于炎热干旱的中非。喜欢晴朗无云炎热的天气，来使果实成熟。肥沃的沙壤土最适合栽种南瓜。成熟后，根深可达2米，非常耐旱。

花分雄花、雌花。在蜜蜂少见的地区，须进行人工授粉。

育　　　苗　用育苗盆育苗。每盆埋入3粒瓜子，待长出4~5片真叶后，间苗留下最健壮的一棵。

幼苗需要多晒太阳，注意浇水和保温。

定　　植　　先配制肥料。为每棵瓜配：2~3铲的堆肥或干粪，两把磷灰石粉或骨渣，一把草木灰或海绿石砂或海藻肥。

移　　栽　　挖出定植穴，倒入肥料，盖上一层土。放入幼苗，埋好。施一些液体肥，浇足水。周围铺上覆盖物。

直接撒种栽种　　先在定植穴中倒入肥料，然后用土将穴填平。上面撒上3粒种子。待幼苗长出4~5片真叶后，间苗留下最健壮的一棵。在幼苗周围铺上覆盖物。

如果你的菜园是"免耕菜园"，先撒基肥，然后把幼苗连盆放在上面，周围铺上堆肥，将幼苗埋好，周围铺上覆盖物。

日常管理　　西瓜比较耐旱，不要经常浇水，但要注意覆盖。由于结果需要消耗很多水分，所以开花结果时要浇一些水，但瓜大后，就不要再浇水。结果期间追肥，可以促进果实生长。

等瓜长得足够大时，要把瓜翻个个儿，把着地的部分翻过来晒太阳。

修　　理　　保留主藤和2~3条健壮的侧藤，其余的侧藤要剪除。每条藤留一个长势最好的瓜，其余幼瓜和花要摘除。如果要瓜长得又大又甜，每株只要留一个长势最好的瓜。

人工授粉　　在蜜蜂少见的地区，需要进行人工授粉。

采　　收　　如果离瓜最近的卷须干枯了，说明瓜已经熟了。或者，用指头敲一敲，成熟的西瓜会发出沉闷的声音，而没熟的瓜则发出清脆的声音。连着一寸长的瓜藤一起剪下，放在阴凉的地方储藏。

病 虫 害　白粉病、霜霉病等。

地老虎、线虫、蚜虫、瓜蝇、黄守瓜等。

第十一节　豌　豆

植 物 分 类　豆科。

土壤酸碱度　pH值在6.5左右最好。

发 芽 天 数　8~10天。

成 熟 天 数　春季栽种需50~80天成熟；秋季栽种需6个月后才可以开始采收。

株　　　距　30厘米。

种子覆土深度　12毫米。

栽 种 时 间　一般北方在春季栽种，南方在秋季栽种。

北方春季栽种：荠菜初生时在地里栽种。

南方秋季栽种：青蛙终鸣后到野菊花初开期间栽种。

特　　　性　原产于中亚的喜马拉雅山区，亚洲西南部和非洲东北部的高原地区，以及北非埃塞俄比亚高原地区。是一种非常耐寒的蔓生植物。幼苗不畏寒霜，但开花结果却需要比较温暖的天气。

豌豆能够利用根瘤菌吸收空气中的氮，因此不需要额外的氮肥，但是丰富的磷肥和钾肥却能促进豌豆结实。

育　　苗　先在育苗盆育苗。每盆撒3粒豆种。等长出真叶后
　　　　　移栽到地里。

定　　植　先配制肥料：1份骨渣（或是磷灰石粉）、1份海
　　　　　绿石砂（或是花岗岩石粉，或是干海藻，或是草
　　　　　木灰）。每株15克。

移　　栽　挖出播种穴，倒入肥料，盖上一层土。将幼苗放
　　　　　入，埋好。施一些液体肥，浇足水。周围铺上覆
　　　　　盖物。

直接撒种栽种　先在定植穴中倒入肥料，然后用土将穴填平。上
　　　　　面撒上3~4粒豆种，用土盖好。待幼苗长出后，
　　　　　在幼苗周围铺上覆盖物。

　　　　　如果你的菜园是"免耕菜园"，先撒基肥，然后
　　　　　把幼苗连盆放在上面，周围铺上堆肥，将幼苗埋
　　　　　好，周围铺上覆盖物。

搭　　架　豌豆需要搭架。关于豆架怎么搭，请看田间管理。

日常管理　春季雨水多，基本上不需要浇水。但花落结荚
　　　　　时，需浇水。注意覆盖。

　　　　　结荚前期，不要追肥；后期，由于根部固氮能力
　　　　　减弱，需要追肥，促进果实生长。采收若是吃豆
　　　　　荚，就要趁豆粒还没有大时采摘；若是要吃豆
　　　　　粒，就要等豆粒饱满时采摘。

　　　　　豌豆在采摘后两小时以内，糖分会转变成淀粉，
　　　　　因此若不马上食用，要想办法保存。

病　虫　害　白粉病、豆疫、萎枯病。
　　　　　象鼻虫。

第十二节 花 生

植物分类 豆科。

土壤酸碱度 pH值在5.0~6.0最好。

发芽天数 7~14天。

催 芽 若是带壳种，需先浸泡一夜后再种。

成熟天数 4~5个月。

株 距 若是剥了壳种，15厘米；若是带壳种，20厘米。

种子覆土深度 25毫米。

栽种时间 春季青蛙开始叫时栽种。

寒冷地区可以先育苗，育苗要提前4~6周。

特 性 原产于南美安第斯山区的花生，喜欢高温和日照，也比较耐旱。花有两种，一种较显眼的黄花，却不结实；另一种不大显眼，长在低处的叶柄内，授粉后子房柄（称为果针）会长长，扎入泥土中，结出花生来。因此花生也被人们称作落花生。

和其他豆科植物一样，花生能够利用根瘤菌吸收空气中的氮，因此不需要额外的氮肥，但是丰富的磷肥和钾肥却能促进结实。排水性好的酸性沙壤土最适合花生生长。

育　　苗　先在育苗盆育苗。每盆撒2~3粒剥了壳的花生种，或者一个带壳的花生。等长出真叶后移栽到地里。

定　　植　先配制肥料：1份骨渣（或是磷灰石粉）、1份海绿石砂（或是花岗岩石粉，或是海藻肥，或是草木灰）。用量为每行每米45克。栽种前1~2周，将配好的肥料撒在田里，细细地翻入土中。

移　　栽　挖出播种穴，将幼苗放入，埋好。施一些液体肥，浇足水。周围铺上覆盖物。

直接撒种栽种　用点播法，每穴撒上3粒花生种，用土盖好。待幼苗长出后，在幼苗周围铺上覆盖物。

　　　　　　如果你的菜园是"免耕菜园"，先撒基肥，然后把幼苗连盆放在上面，周围铺上堆肥，将幼苗埋好，周围铺上覆盖物。

日常管理　开始开花后，进行培土（即把土往根部堆），使得果针易于扎入土中，花生结得更多更饱满。

采　　收　茎叶开始枯黄后，挖出几粒花生，如果壳上出现网纹，就可以采收了。

　　　　　采收时，连根拔出，将土抖净，挂在通风处晾干，再把花生剥落。

　　　　　如果要留种，要选大个、壳泛黄的，摇一摇，声音要很响。花生种要放在干燥的地方保存，避免发霉，不要剥壳。栽种前再剥壳。

病　虫　害　没有什么虫害。

　　　　　玉米穗蛀虫会吃成熟花生叶，但不影响果实。

第十三节　大　豆

（也叫毛豆、黄豆）

植 物 分 类　豆科。

土壤酸碱度　pH值在6~7最好。

发 芽 天 数　5~7天。

成 熟 天 数　100天。

株　　　距　10~15厘米。

种子覆土深度　12毫米。

栽 种 时 间　春季青蛙开始叫后，
或是苹果花盛开时，可以开始栽种。

特　　　性　早在公元前2 800年以前，中国人就广泛栽种大豆。后传入日本、印度，但直到1854年，才由日本引进到西方国家。

大豆喜欢日照和温暖的气候，比较耐旱，在贫瘠的土地上也能栽种。比来自热带的豆科植物耐寒一些。

和其他豆科植物一样，大豆能够利用根瘤菌吸收空气中的氮。不需要额外的氮肥，但是丰富的磷肥和钾肥却能促进结实。

大豆有丰富的营养，除了可以食用外，也是非常好的绿肥。

育　　　苗　先在育苗盆育苗。每盆撒3粒豆种。等长出真叶后移栽到地里。

定　　　植　先配制肥料：1份骨渣（或是磷灰石粉）、1份海绿石砂（或是花岗岩石粉，或是海藻肥，或是草木灰）。用量为每行每米45克。栽种前1~2周，将配好的肥料撒在田里，细细地翻入土中。

移　　　栽　挖出播种穴，将幼苗放入，埋好。施一些液体肥，浇足水。周围铺上覆盖物。

直接撒种栽种　用点播法，每穴撒上3~4粒豆种，用土盖好。待幼苗长出后，在幼苗周围铺上覆盖物。

如果你的菜园是"免耕菜园"，先撒基肥，然后把幼苗连盆放在上面，周围铺上堆肥，将幼苗埋好，周围铺上覆盖物。

日常管理　开花结荚期间，需适当浇水施肥。

采　　　收　如果要吃毛豆（青豆），就要在豆荚变黄之前采摘。这可能只有7~10天的时间。新鲜毛豆水煮了吃，很是香甜鲜嫩。

如果要收黄豆，就要等豆荚变干，但豆藤还绿的时候采收。彻底晒干后收藏。豆藤和豆荚都是非常好的氮肥，可以翻耕到地里去，也可以晒干了做覆盖物。

如果是做绿肥，要在豆荚半饱满时，翻耕到地里。数周后，就会腐烂。

病　虫　害　豆疫、褐斑病、霜霉病。

不会遭墨西哥豆甲的侵害。但兔子很喜欢吃豆子。

第十四节　常见豆类

（包括四季豆、豇豆、扁豆、绿豆等）

植 物 分 类　豆科。

土壤酸碱度　pH值在5.8~6.5最好。

发 芽 天 数　4~7天。

成 熟 天 数　蔓生型的需75~80天；矮生型的需6~8周。

株　　　距　蔓生豆为30厘米；矮生豆为15厘米。

种子覆土深度　小一些的豆：1厘米；大一些的豆：2~3厘米。

栽 种 时 间　春季青蛙叫后2周开始栽种。可以一直种到初霜前10周。

特　　　性　大部分豆原产于美洲热带地区。比较喜热和日照。但许多豆在35℃以上的高温下，花会蔫萎；另外，下雨的时候，花也会谢落。

各种豆都能够利用根瘤菌吸收空气中的氮，因此不需要额外的氮肥，但是丰富的磷肥和钾肥却能促进豌豆结实。喜欢略为酸性的沙壤土，不喜黏湿的土壤。

育　　苗　先在育苗盆育苗。每盆撒3粒豆种。等长出真叶后移栽到地里。

定　　植　先配制肥料：1份骨渣（或是磷灰石粉）、1份海绿石砂（或是花岗岩石粉，或是海藻肥，或是草木灰）。用量为每行每米45克。栽种前1~2周，将配好的肥料撒在田里，细细地翻入土中。

移　　栽　挖出播种穴，将幼苗放入，埋好。施一些液体肥，浇足水。周围铺上覆盖物。

直接撒种栽种　用点播法，每穴撒上3~4粒豆种，用土盖好。待幼苗长出后，在幼苗周围铺上覆盖物。

如果你的菜园是"免耕菜园"，先撒基肥，然后把幼苗连盆放在上面，周围铺上堆肥，将幼苗埋好，周围铺上覆盖物。

插　　扦　矮生豆不需要插扦，蔓生豆需要插扦或搭架。具体方法请参阅田间管理。日常管理注意覆盖。开花结荚期间，如果天气比较炎热干燥，要注意浇水。但一定不要在下午浇水。

采　　收　若是吃豆荚，就要趁豆粒还没有大时采摘；若是要吃豆粒，就要等豆粒饱满时采摘。

如果要收藏干豆，就等豆荚变干而豆藤尚绿时，将豆藤割下，晒干，把豆子打出来。在收藏之前，把豆子彻底晒干。

病　虫　害　豆疫、炭疽病、马赛克。

墨西哥豆甲。

第十五节　大白菜

植 物 分 类　十字花科。

土壤酸碱度　pH值在6~7最好。

发 芽 天 数　6~10天。

成 熟 天 数　80天。

株　　　距　45厘米。

种子覆土深度　6毫米。

栽 种 时 间　秋季栽种最好。秋季蝉
停叫后种下。

在无霜的南方，冬天也
可以栽种，一直到荠菜初生时。

在北方，春季也可以栽种。先在温室里育苗，柳
树萌芽时移栽到地里。育苗要提前2~4周。

特　　　性　原产自中国北方的大白菜，是两年生植物，头一
年生长，第二年开花结籽。大白菜喜欢寒冷和潮
湿的天气。幼苗时期需要温暖的天气，但开始包
心后，即使降霜也不怕。而且，严寒反而使菜心
包得更结实，口味更加甘嫩。天气一转暖，就开
花结籽。开花后，大白菜就变得又老又苦了。

大白菜是非常吃肥和吃水的蔬菜。需要很多的堆
肥和粪肥。

育　　　苗　大白菜不喜移栽，因此先在育苗盆里撒种播种。
每盆3~4粒种子。幼苗长出后，逐渐间苗成一株。

长出5~6片真叶时，就可以移栽到地里。

幼苗要注意浇水、日照和通风。

定　　植　先预备田地。如果土壤偏酸，要先撒石灰石粉。栽种前1~2周，先在田里撒上8厘米左右厚的堆肥，或是15厘米厚的干粪，细细地翻入土中。

移　　栽　挖出定植穴，把幼苗连盆放入，埋好。施一些液体肥，浇足水。周围铺上覆盖物。

直接撒种栽种　用点播法。每穴撒5~6粒种子，用土盖好。幼苗长出后，逐渐间苗留下一棵最健壮的。幼苗周围要铺上覆盖物。

如果你的菜园是"免耕菜园"，先撒上干粪，然后把幼苗连盆放在上面，周围铺上堆肥，将幼苗埋好，周围铺上覆盖物。

日常管理　注意覆盖和浇水。缺水会造成菜心开裂。

采　　收　春季栽种的大白菜在菜心变结实后就可以采收。采收晚了，就不好吃了。

秋季栽种的大白菜可以留在地里，用绳子将外叶扎起来，等要吃时再采收，可以延长采收期。经霜后的大白菜会更好吃。不过，春季抽薹之前一定要采收。

如果要储藏，可以将大白菜连根拔起，剥除外叶，放在白菜沟中保存。

病　虫　害　马赛克、黄萎病、霜霉病、黑斑病、软腐病、根肿病、炭疽病。

菜蛾、菜粉蝶、菜螟（食心虫）等。

第十六节　卷心菜

（又叫甘蓝、洋白菜）

植物分类　十字花科。

土壤酸碱度　pH值在6~7最好。

发芽天数　6~10天。

成熟天数　80天。

株　　距　45厘米。

种子覆土深度　6毫米。

栽种时间　秋季栽种最好。秋季蝉停叫后种下。

在无霜的南方，冬天也可以栽种，一直到荠菜初生时。

在北方，春季也可以栽种。先在温室里育苗，柳树萌芽时移栽到地里。育苗要提前2~4周。

特　　性　原产自欧洲沿海，从南欧的希腊到不列颠岛，从法国西北沿海直到丹麦。是两年生植物，头一年生长，第二年开花结籽。卷心菜喜欢寒冷和潮湿的气候。幼苗时期需要温暖的天气，但包心后，即使降霜也不怕。包了心的卷心菜可以忍受-6~-5℃的低温。并且，严寒反而使得卷心菜长得更结实，口味更加甘嫩。天气一转暖，卷心菜就会抽薹结籽。

卷心菜是非常吃肥和吃水的蔬菜。需要很多的堆肥和粪肥。

育　　苗　先在育苗箱里撒种播种。长出真叶后移栽到育苗
盆中。长出5~6片真叶时，就可以移栽到地里。

幼苗要注意浇水、日照和通风。

定　　植　先配制肥料：2份棉籽、1份磷灰石、2份花岗岩石粉
（或草木灰）。每株55克。堆肥或干粪每株500克。

移　　栽　挖出定植穴，倒入配好的肥料，盖上一层土，然
后把幼苗连盆放入，埋好。施一些液体肥，浇足
水。周围铺上覆盖物。

直接撒种栽种　挖出定植穴，倒入配好的肥料，用土将穴填平，上
面撒5~6粒种子，用薄土覆盖。幼苗长出后，逐渐
间苗留下一棵最健壮的。幼苗周围要铺上覆盖物。

如果你的菜园是"免耕菜园"，先撒上基肥，然
后把幼苗连盆放在上面，周围铺上堆肥，将幼苗
埋好，周围铺上覆盖物。

日常管理　注意覆盖和浇水。缺水会造成菜心开裂。要防止
菜心裂开，可用铲子扎断一些侧根。

采　　收　春季栽种的卷心菜在菜心变结实后就可以采收。
采收晚了，就不好吃了。

秋季栽种的卷心菜可以留在地里，用绳子将外叶扎起
来，等要吃时再采收。经霜后的卷心菜会更好吃。

如果要储藏，可以将卷心菜连根拔起，倒放在白
菜沟中保存。

病虫害　马赛克、黄萎病、霜霉病、黑斑病、软腐病、根
肿病、炭疽病。

菜蛾、菜粉蝶、菜螟（食心虫）及甘蓝种蝇等。

第十七节　青花菜

（又叫西兰花）

植 物 分 类	十字花科。
土壤酸碱度	pH值在5.5~6.5最好。
发 芽 天 数	6~10天。
成 熟 天 数	55~85天。
株　　　距	45厘米。
种子覆土深度	6毫米。
栽 种 时 间	秋季栽种最好。秋季蝉停叫后种下。

在无霜的南方，冬天也可以栽种，一直到荠菜初生时。

在北方，春季也可以栽种。先在温室里育苗，柳树萌芽时移栽到地里。育苗要提前2~4周。

特　　　性　是由来自地中海沿岸和小亚细亚的野生甘蓝演变来的。是一种两年生植物，但开花却比较快。喜欢寒冷和潮湿的天气。当天气转暖时，花蕾就会发散。主花蕾采割后，还会长出侧蕾。

花椰菜是非常吃肥和吃水的蔬菜。需要很多的堆肥和粪肥。

育　　　苗　先在育苗箱里撒种播种。长出真叶后移栽到育苗盆中。长出5~6片真叶时，移栽到地里。

幼苗要注意浇水、日照和通风。

定　　　植　先配制肥料：2份棉籽、1份磷灰石、2份花岗岩石粉（或草木灰）。每株55克。堆肥或干粪每株500克。

移　　栽　挖出定植穴，倒入配好的肥料，盖上一层土，然后把幼苗连盆放入，埋好。施一些液体肥，浇足水。周围铺上覆盖物。

直接撒种栽种　挖出定植穴，倒入配好的肥料，用土将穴填平，上面撒5~6粒种子，用薄土覆盖。幼苗长出后，逐渐间苗留下一棵最健壮的。幼苗周围要铺上覆盖物。

　　　　　　如果你的菜园是"免耕菜园"，先撒上基肥，然后把幼苗连盆放在上面，周围铺上堆肥，将幼苗埋好，周围铺上覆盖物。

日 常 管 理　注意覆盖和浇水。

采　　收　趁深绿色的花蕾没有发散之前采收。连着10~15厘米的茎一起割下。

　　　　　　主花蕾割去后，侧蕾又会长出。

病 虫 害　马赛克、黄萎病、霜霉病、黑斑病、软腐病、根肿病、炭疽病。

　　　　　　菜蛾、菜粉蝶、菜螟（食心虫）等。

第十八节　花椰菜

（又叫西兰花）

植 物 分 类　十字花科。

土壤酸碱度　pH值在6~7最好。

发 芽 天 数　6~10天。

成 熟 天 数　60~90天。

株　　　距　45厘米。

种子覆土深度　6毫米。

栽 种 时 间　秋季栽种最好。秋季蝉停叫后种下。

在无霜的南方，冬天也可以栽种，一直到荠菜初生时。

在北方，春季也可以栽种。先在温室里育苗，柳树萌芽时移栽到地里。育苗要提前2~4周。

特　　　性　是由来自地中海沿岸和小亚细亚的野生甘蓝演变来的。是一种两年生植物。和西兰花非常像，但花蕾是白色或紫色的，主花蕾采割后，也不会长出侧蕾。花菜喜欢寒冷和潮湿的天气。当天气转暖时，花蕾就会发散。

花菜是非常吃肥和吃水的蔬菜。需要很多的堆肥和粪肥。

育　　　苗　先在育苗箱里撒种播种。长出真叶后移栽到育苗盆中。长出5~6片真叶时，移栽到地里。

幼苗要注意浇水、日照和通风。

定　　　植　先配制肥料：2份棉籽、1份磷灰石、2份花岗岩石粉（或草木灰）。每株55克。堆肥或干粪每株500克。如果土壤偏酸，每株还要加65克的石灰石粉。

移　　　栽　挖出定植穴，倒入配好的肥料，盖上一层土，然后把幼苗连盆放入，埋好。施一些液体肥，浇足水。周围铺上覆盖物。

直接撒种栽种　挖出定植穴，倒入配好的肥料，用土将穴填平，上面撒5~6粒种子，用薄土覆盖。幼苗长出后，逐渐间苗留下一棵最健壮的。幼苗周围要铺上覆盖物。

如果你的菜园是"免耕菜园"，先撒上基肥，然后把幼苗连盆放在上面，周围铺上堆肥，将幼苗埋好，周围铺上覆盖物。

日 常 管 理　注意覆盖和浇水。

当花蕾长到鸡蛋大时，要将几片大的内叶用绳子松松地扎起来，为花蕾遮光。也可以将1~2片大的内叶向里折断（不要完全弄断），盖在花蕾上面遮光。注意要给花蕾留有成长的空间。

如果是紫色的品种，则不需要这样做。

采 　 　 收　给花蕾遮光后5~14天，就可以采收了。要趁花蕾没有发散之前采收。连着一段茎一起割下。

如果要储藏，就要连根拔出，放在地窖里可以保存一个月左右。

病 　 虫 　 害　马赛克、黄萎病、霜霉病、黑斑病、软腐病、根肿病、炭疽病。

菜蛾、菜粉蝶、菜螟（食心虫）等。

第十九节　白萝卜

植 物 分 类　十字花科。

土壤酸碱度　pH值在6~8最好。

发 芽 天 数　7~14天。

成 熟 天 数　40天可以采收叶子；40~60
　　　　　　天可以采收萝卜。

株　　距　15厘米。

种子覆土深度　3~6毫米；秋季栽种需埋得深一些。

栽 种 时 间　秋季栽种最好。秋季蝉停叫后种下。

　　　　　　在无霜的南方，冬季和春季也可以栽种，一直种
　　　　　　到荠菜开花时。在北方，春季荠菜初生时，就可
　　　　　　以在地里栽种。

特　　性　原产自俄罗斯寒冷地区、西伯利亚以及北欧的
　　　　　　斯堪的纳维亚半岛，是一种长得很快的两年生植
　　　　　　物。喜欢寒冷潮湿的气候。天气一转暖，萝卜就
　　　　　　会变糠，很快就开花结籽。

　　　　　　白萝卜喜欢肥沃、松软和保水性好的土壤。

育　　苗　在育苗箱里撒种播种。幼苗长出后要间苗，使幼
　　　　　　苗不致拥挤。长出5~6片真叶后，移栽到地里。

　　　　　　幼苗要注意浇水、日照和通风。

定　　植　配制肥料：2份棉籽、1份磷灰石粉、2份花岗石粉
　　　　　　（或草木灰）。用量为每行每米45克。提前1~2
　　　　　　周，在田里铺上一层2~3厘米厚的干粪，上面撒上
　　　　　　配好的肥料，细细地翻入土中。

移　　栽　挖出定植穴，把幼苗埋好。施一些液体肥，浇足
　　　　　　水。周围铺上覆盖物。

直接撒种栽种　用点播法。每穴撒5~6粒种子，用薄土盖好。幼
　　　　　　苗长出后，逐渐间苗留下一棵最健壮的。幼苗周
　　　　　　围要铺上覆盖物。

　　　　　　如果你的菜园是"免耕菜园"，先撒基肥，周围
　　　　　　铺上堆肥，将幼苗埋好，周围铺上覆盖物。

日 常 管 理　注意覆盖和浇水。采收春季栽种的萝卜，长到
5~7厘米粗时，就可以挖出来了。晚了，萝卜会变
糠。如果叶柄变空，就说明萝卜已经变糠了。

秋季栽种的萝卜可以留在地里经霜，但要在地面
冻结之前挖出，保存在白菜沟或是地窖里。

病 虫 害　马赛克、黄萎病、霜霉病、黑斑病、软腐病、根
肿病、炭疽病。

菜蛾、菜粉蝶、菜螟（食心虫）、种蝇幼虫等。

第二十节　辣　根

植 物 分 类　十字花科。

土 壤 酸 碱 度　pH值6~8，pH值为7最好。

成 熟 天 数　秋季初霜后可以采挖，一
直到泥土冻结为止。

株　　距　25~45厘米。

栽 种 时 间　春季荠菜初生时就可以在
地里栽种。

晚秋时也可以栽种。

特　　性　原产于北欧和东欧的里
海、俄罗斯、波兰一带，直到芬兰，是非常耐寒
的多年生十字花科植物，在冬天土壤不冻结的地
方不能生长。根可扎入土中1.5~3米，主根能生出
无数侧根，地上部分却不到1米高。很少结籽，一
般用根来栽培。根可以做调料。

育　　苗　将铅笔粗细的老根切成10~15厘米长短，顶端平切，底端斜切，以便栽种时辨认方向。

用育苗盆进行育苗。将根端斜插或直插入土中，顶端朝上，底端朝下。使顶端埋入土中8~10厘米。

待长叶后，用手将幼苗挖出，会看到根上冒出了好多侧芽。用手将侧芽轻轻剥落，注意不碰伤主根。然后将幼苗移栽到地里。

定　　植　配制肥料：提前2~3个月，将粪肥深翻入土中60厘米左右。

移　　栽　挖出定植穴，把幼苗放入，埋好。施一些液体肥，浇足水。周围铺上覆盖物。

如果你的菜园是"免耕菜园"，先撒基肥，铺上堆肥，然后将幼苗埋好，周围铺上覆盖物。

日常管理　将近成熟时，将整棵辣根挖出，切除侧根，重新种下，可以使根长得更直。但如果不介意根的形状，就不必费这个功夫，因为吃起来味道是一样的。

采　　收　辣根的枝叶和根部都是在夏季生长。但主根要到秋季天气变冷后才开始长粗。一般初霜后才采挖，一直到泥土冻结为止。

在冻结前要将主根挖出，埋在潮湿的沙中，保存在地窖或菜沟里。也可以晒干后研磨成粉保存。

如果只挖出主根，留在地里的侧根第二年春天又会发芽生长。也可以将侧根挖出保存好，待开春时再栽种。

病　虫　害　很少有病虫害。

第二十一节　上海青、小白菜

（上海青也叫青梗菜，小白菜也叫白梗菜）

植 物 分 类　十字花科。

土 壤 酸 碱 度　pH值在6~7最好。

发 芽 天 数　4~5天。

成 熟 天 数　40~45天。

株　　　距　15厘米。

种 子 覆 土 深 度　3~6毫米。

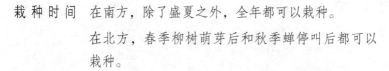

　　　　　　　秋季栽种需埋得深一些。

栽 种 时 间　在南方，除了盛夏之外，全年都可以栽种。

　　　　　　　在北方，春季柳树萌芽后和秋季蝉停叫后都可以栽种。

特　　　性　原产于中国的小白菜，有青梗和白梗两种。喜凉爽的气候，生长期短，容易栽种。虽然全年都可以栽种，但春、秋两季生长最好。

育　　　苗　在育苗箱里撒种播种。幼苗长出后要间苗，使幼苗不致拥挤。长出5~6片真叶后，移栽到地里。

　　　　　　　幼苗要注意浇水、日照和通风。

定　　　植　配制肥料：2份棉籽、1份磷灰石粉、2份花岗石粉（或草木灰）。用量为每行每米45克。提前1~2周，在田里铺上一层2~3厘米厚的干粪，上面撒上配好的肥料，细细地翻入土中。

移　　　栽　挖出定植穴，把幼苗放入，埋好。施一些液体肥，浇足水。周围铺上覆盖物。

直接撒种栽种　用条播法。幼苗长出后，不断间苗，使幼苗不致拥挤。幼苗周围要盖上覆盖物。

如果你的菜园是"免耕菜园"，先撒基肥，周围铺上堆肥，将幼苗埋好，周围铺上覆盖物。

日 常 管 理　注意覆盖和浇水。

采　　　收　小白菜要趁嫩采收。一般长到15厘米高时就可以采收。

病　虫　害　马赛克、黄萎病、霜霉病、黑斑病、软腐病、根肿病、炭疽病。

菜蛾、菜粉蝶、菜螟（食心虫）等。

第二十二节　芥　菜

（叶用）

植 物 分 类　十字花科。

土壤酸碱度　pH值在6~8最好。

发 芽 天 数　5~8天。

成 熟 天 数　35~65天。

株　　　距　15~30厘米。

种子覆土深度　3~6毫米。

秋季栽种需埋得深一些。

栽 种 时 间　秋季栽种最好。秋季蝉停叫后种下。

在无霜的南方，冬天也可以栽种，一直到芥菜开花时。

在北方，春季芥菜初生时就可以在地里栽种。

特　　性　　原产于中国和印度，与原产于欧洲的芥菜不同。
　　　　　　欧洲芥菜是采收种子，研磨成芥末，用来做调料
　　　　　　的；而叶用芥菜是要吃叶子的。

　　　　　　芥菜喜欢寒冷潮湿的气候。天气一转暖，就会开
　　　　　　花结籽。

育　　苗　　在育苗箱里撒种播种。幼苗长出后要间苗，使幼
　　　　　　苗不致拥挤。长出5~6片真叶时，移栽到地里。

　　　　　　幼苗要注意浇水、日照和通风。

定　　植　　配制肥料：2份棉籽、1份磷灰石粉、2份花岗石粉
　　　　　　（或草木灰）。用量为每行每米撒45克。提前1~2
　　　　　　周，在田里铺上一层2~3厘米厚的干粪，上面撒上
　　　　　　配好的肥料，细细地翻入土中。

移　　栽　　挖出定植穴，把幼苗放入，埋好。施一些液体
　　　　　　肥，浇足水。周围铺上覆盖物。

直接撒种栽种　用点播法。每穴撒5~6粒种子，用薄土盖好。幼
　　　　　　苗长出后，逐渐间苗留下一棵最健壮的。幼苗周
　　　　　　围要铺上覆盖物。

　　　　　　如果你的菜园是"免耕菜园"，先撒基肥，铺上
　　　　　　堆肥，将幼苗埋好，周围铺上覆盖物。

日常管理　　注意覆盖和浇水。采收春季栽种的芥菜，要趁嫩
　　　　　　采收，不要等到开花。

　　　　　　秋季栽种的芥菜，可以让霜压一压再采收，口味会
　　　　　　更好。

　　　　　　把芥菜做成干菜，可以保存很久，也有独特的风味。

病　虫　害　　由蚜虫传播的病毒病。
　　　　　　地老虎、蚜虫、跳甲。

第二十三节 荠 菜

植 物 分 类　十字花科。

土壤酸碱度　pH值5~8。

催　　　芽　先在水中浸泡10小时，然后拌上3倍细沙，放在2~10℃温度下搁置7~9天，不等出芽就播种，2~3天后可出芽，4~5天可出齐。

成 熟 天 数　30~45天。

株　　　距　10厘米。

种子覆土深度　3毫米。

栽 种 时 间　春、秋两季播种。

春季在春节过后，一直到青蛙开始叫，都可以播种。

秋季在蝉停叫后，一直到青蛙停叫，都可以播种。

特　　　性　原产于欧洲和亚洲的野菜。我国自古食用野生荠菜，在《诗经》《楚辞》《春秋》等古书中都有记载，至今已有近3 000年的历史。

荠菜耐寒不耐热，喜凉冷晴朗的气候。能耐得住-5℃的低温，却耐不住22℃以上的温度。在

15℃的气温和良好的日照下，生长迅速，播种后30天就可以采收。在低于10℃的气温下，生长较慢，播种后需45天左右才能收获。

荠菜对土壤要求不高，但以肥沃湿润的壤土为好。

育　　苗　在育苗箱里撒种播种。荠菜种子非常小，可掺和3倍细沙播撒。

幼苗长出后要不断间苗，使幼苗不致拥挤。长出5~6片真叶后，移栽到地里。

幼苗要注意日照、通风和浇水。

定　　植　配制肥料：2份棉籽、1份磷灰石粉、2份花岗石粉（或草木灰）。用量为每行每米45克。提前1~2周，在田里铺上一层2~3厘米厚的干粪，上面撒上配好的肥料，细细地翻入土中。

移　　栽　挖出定植穴，把幼苗放入，埋好。施一些液体肥，浇足水。周围铺上覆盖物。

直接撒种栽种　用条播法或撒播法。幼苗长出后，不断间苗，使幼苗不致拥挤。幼苗周围要盖上覆盖物。

如果你的菜园是"免耕菜园"，先撒基肥，然后铺上堆肥，将幼苗埋好，周围铺上覆盖物。

日常管理　注意间苗、覆盖和浇水。秋播的荠菜尤其要勤浇水。长出10~13片真叶时就可以采收。

病　虫　害　霜霉病、蚜虫。

第二十四节　向日葵

植 物 分 类　菊科。

土壤酸碱度　pH值在6~8；pH值6.7
　　　　　　　最好。

发 芽 天 数　10~14天。

成 熟 天 数　120~140天。

株　　　距　30~60厘米。

种子覆土深度　12~25毫米。

栽 种 时 间　春季柳树飞絮时在地里栽种。

特　　　性　原产于美洲，是印第安人的主食之一，有着极高
　　　　　　　的营养价值。只要是可以种玉米的地方，向日葵
　　　　　　　也能生长，不过向日葵要比玉米更耐寒一些。当
　　　　　　　葵花籽将近成熟时，即使降严霜也没关系。幼苗
　　　　　　　在长出4片真叶之前，也能耐得住初春的晚霜。

　　　　　　　向日葵喜欢日照，喜欢排水性好的沙壤土。成熟
　　　　　　　时，根可达2~3米深。

育　　　苗　在育苗盆中撒种育苗。每盆撒3~4粒种子，待长出
　　　　　　　4~5片真叶后，间苗留下最健壮的一株。

定　　　植　配制肥料：2份棉籽、1份磷灰石粉、2份花岗石
　　　　　　　粉。用量为每行每米45克。草木灰，每行每米120
　　　　　　　克。提前1~2周，在田里铺上一层2~3厘米厚的干
　　　　　　　粪，上面撒上配好的肥料，细细地翻入土中。

移　　　栽　挖出定植穴，把幼苗连盆放入，埋好。施一些液

体肥，浇够水。周围铺上覆盖物。

直接撒种栽种 用点播法。每处撒4~5粒种子，用土盖好。幼苗长出后，逐渐间苗留下一棵最健壮的。幼苗周围要铺上覆盖物。

如果你的菜园是"免耕菜园"，先撒基肥，然后把幼苗连盆放在上面，周围铺上堆肥，将幼苗埋好，周围铺上覆盖物。

立 支 柱 需要立支柱。开始结籽后，还要搭花托来支撑沉重的花盘。

日 常 管 理 在刚种下的一个月里，要少浇水，但每次要浇得非常透，以促进根向深处扎。以后，可以常浇水，浇少一些。结籽时，浇水太多，会影响葵花籽质量，但太干燥会影响产量。

采 收 待大部分葵花籽开始变干后，连着30~60厘米的花茎割下，放在布袋里，挂在通风干燥的地方风干。然后用一把钢刷将葵花籽剥落，放在太阳下继续晒干。

病 虫 害 一种蛀虫。

第二十五节 生 菜

植 物 分 类 菊科。

土壤酸碱度 pH值在6~7最好。

发 芽 天 数 5~10天。

催 芽 在炎热的天气，要将种子包在湿润的纸巾里，放在

冰箱里冷藏4~6天，待出芽了再播种。

成 熟 天 数　30~70天。

株　　　距　15~20厘米种子覆土深度3~6毫米。秋季栽种需埋
　　　　　　得深一些。

栽 种 时 间　在南方，除了夏季外，都可栽种。

　　　　　　在北方，春季、秋季可以栽种。春季在柳树萌芽
　　　　　　时栽种，秋季在蝉停叫后栽种。

特　　　性　生菜原产于小亚细亚、高加索、伊朗和土耳其一
　　　　　　带地区。喜欢阴凉潮湿的气候。虽然可以忍耐一
　　　　　　定的寒冷和炎热，但在春秋两季生长得最好。

　　　　　　根非常浅，因此要注意覆盖。受不了太强烈和长
　　　　　　时间的日照，所以在炎热的季节，要搭起遮阳
　　　　　　网。育苗在育苗箱里撒种播种。长出真叶后，移
　　　　　　栽到育苗盆里。长出3~4片真叶时，移栽到地里。

　　　　　　幼苗要注意浇水和通风，炎热的天气要注意遮阳。

定　　　植　配制肥料：1份棉籽、1份磷灰石粉、4份草木灰。
　　　　　　每行每米75克。干粪或堆肥每平方米5千克。提
　　　　　　前1~2周，在田里撒上肥料，细细地翻入土中。

移　　　栽　挖出定植穴，把幼苗连盆放入，埋好。施一些液
　　　　　　体肥，浇足水。将育苗盆拔出，做防地老虎的保
　　　　　　护套。周围铺上覆盖物。

直接撒种栽种　用条播法。幼苗长出后，不断间苗，注意不要让
　　　　　　叶与叶相触。幼苗周围要盖上覆盖物。

　　　　　　如果你的菜园是"免耕菜园"，先撒基肥，然后
　　　　　　把幼苗连盆放好，周围铺上堆肥，将幼苗埋好，

铺上覆盖物。

日 常 管 理　生菜的根非常浅，要注意覆盖和浇水。要保持土壤湿润。

在晚春和夏季，要用遮阳布遮阳，但要注意通风。

采　　收　早晨采收的生菜最鲜嫩。

结球生菜齐根割下，而色拉生菜可以不断采摘外叶，直到菜心卷起后，再整株割下。

病 虫 害　灰霉病、霜霉病等。

地老虎、鼻涕虫、蜗牛、蚜虫、潜叶虫等。

第二十六节　芝　麻

植 物 分 类　胡麻科。

土壤酸碱度　pH值在5.5~8，pH值为7最好。

发 芽 天 数　8~15天。

成 熟 天 数　90~150天。

株　　距　10厘米。

种子覆土深度　6~12毫米。

栽 种 时 间　初夏蝉开始鸣叫时在地里栽种。

特　　性　原产自非洲的芝麻，有着极高的营养价值。早在公元4 000年前，古巴比伦人和亚叙人就把它作为一种高级油料植物种植。而在中国，早在公元前5 000年人们就使用芝麻油做灯油，用芝麻烟灰做油墨了。

芝麻喜欢日照和高温，非常耐旱，却非常怕冷。

育　　苗　在育苗箱中撒种育苗。待长出5~6片真叶后，即可移栽到地里。

注意不要浇太多水，芝麻不能忍受太潮湿的土壤。

定　　植　先配制肥料：2份棉籽、1份磷灰石粉、2份花岗石粉。每行每米45克。提前1~2周，在田里铺上一层1厘米厚的干粪，上面撒上配好的肥料，细细地翻入土中。

移　　栽　挖出定植穴，把幼苗放入，埋好。施一些液体肥，浇够水。周围铺上覆盖物。

直接撒种栽种　用条播法。待幼苗长出真叶后，开始间苗，直到长出5~6片真叶时为止。幼苗周围要盖上覆盖物。

如果你的菜园是"免耕菜园"，先撒基肥，将幼苗放好，周围铺上堆肥，然后铺上覆盖物。

日常管理　虽然芝麻很耐旱，但夏季干热期间以及开花时，也要适当浇水。

采　　收　当低处的果荚开始干裂时，进行采收。将整棵芝麻割下，一束一束绑起来，竖置风干10天左右。然后，摊在一张大塑料布上，用棍子将芝麻敲打出来。用水清洗，放在烈日下晒干后保存。

病 虫 害　黑斑病。

地老虎、蚜虫、天蛾。

第二十七节　胡萝卜

植 物 分 类	伞形科。
土 壤 酸 碱 度	pH值在5.5~6.5最好。
发 芽 天 数	10~25天。

催　　芽　可以在播种前，先把种子用湿润的纸巾包着，放在低温阴凉的地方或冰箱里，待冒出芽尖后，再播种。

成 熟 天 数　65~85天。

株　　距　10厘米。

种子覆土深度　6毫米。

栽 种 时 间　秋季栽种最好。秋季蝉停叫后种下。

在无霜的南方，冬天也可以栽种，一直种到荠菜初生时。

在北方，春季也可以栽种。春季柳树萌芽时在地里栽种。

特　　性　原产自阿富汗和中亚地区的胡萝卜，喜欢寒冷潮湿的气候。在肥沃的沙壤土中生长最好，土质要比较细软，粗糙的沙砾会使根部畸形发育。

育　　苗　在育苗箱里撒种播种。幼苗长出后要间苗，使幼苗不致拥挤。长出5~6片真叶后，移栽到地里。

幼苗要注意浇水和日照。

定　　植	配制肥料：1份棉籽、1份磷灰石粉、4份草木灰。每行每米105克。提前1~2周，在田里铺上一层2~3厘米厚的干粪，上面撒上配好的肥料，细细地翻入土中。
移　　栽	挖出定植穴，把幼苗放入，埋好。施一些液体肥，浇足水。将育苗盆拔出，做防地老虎的保护套。周围铺上覆盖物。
直接撒种栽种	用条播法。幼苗长出后，不断间苗，使幼苗不致拥挤。幼苗周围要盖上覆盖物。
	如果你的菜园是"免耕菜园"，先撒基肥，然后铺上堆肥，将幼苗埋好，周围铺上覆盖物。
日常管理	注意覆盖和浇水。
采　　收	胡萝卜要趁嫩采收。春季胡萝卜，长到2~3厘米粗就要采收了。
	秋季胡萝卜，可以留在地里，让霜压一压再挖起来，保存在户外白菜沟里。
病　虫　害	胡萝卜锈蝇，铁丝虫，软腐病等。
	如果土壤中缺镁或硼，会造成萝卜心发黑。磷灰石和石灰石粉中都含有这些微量元素。

第二十八节　芹　菜

植物分类	伞形科。
土壤酸碱度	pH值在5.2~7.5，pH值为6最好。
发芽天数	10~25天。
成熟天数	100~120天。

株　　距	中国芹菜：10厘米；西洋芹菜：30厘米。
种子覆土深度	6毫米。
栽 种 时 间	秋季栽种最好。秋季蝉停叫后种下。
	在北方，春季也可以栽种。先在温室里育苗，柳树萌芽时移栽到地里。育苗要提前8~10周。
特　　性	源自欧洲、地中海沿岸、小亚细亚、高加索，一直到喜马拉雅山脚的湿地植物。是一种一年或两年生植物，在湿冷的水边生长得最好。根非常的浅，不足20厘米。所以要非常注意浇水和覆盖。
育　　苗	配制育苗土：2份普通壤土、1份沙和一份堆肥。
	先在育苗箱里撒种播种。长出真叶后，移栽到育苗盆中。长出7~8片真叶后，移栽到地里。
	幼苗要放在晒不到太阳的地方，注意保持土壤潮湿。注意通风，以免得苗枯病。等幼苗长得比较大了，可以多晒一些太阳。
定　　植	配制肥料：每行每米1500克干粪或堆肥（或是750克干禽粪也可以），和150克的石灰石粉。提前1~2周，在田里撒上肥料，细细地翻入土中。
移　　栽	挖出定植穴，把幼苗放入，埋好。施一些液体肥，浇足水。周围铺上覆盖物。
直接撒种栽种	西洋芹菜用点播法，每处撒5~6粒种子，用土盖好。幼苗长出后，逐渐间苗留下一棵最健壮的。中国芹菜用条播法。不断间苗，使幼苗不致拥挤。幼苗周围要铺上覆盖。
	如果你的菜园是"免耕菜园"，先撒基肥，把幼

苗放好，周围铺上堆肥，盖好覆盖物。

日 常 管 理 注意覆盖和浇水。在炎热的夏季，要注意遮阳。芹菜比较喜阴。

采 收 如果是现用，可以齐根割下。如果是储藏，要连根拔起，立放在箱子里，储藏在地窖里，也可以埋在白菜沟里。如果不收，也可以留在地里，上面盖上一层厚厚的干草。

病 虫 害 炎热潮湿的夏季，或冷热变化大的季节，都容易得苗枯病。

胡萝卜锈蝇。

第二十九节 香 菜

植 物 分 类 伞形科。

土壤酸碱度 pH值在5~7。

发 芽 天 数 4~6天。

催 芽 播种前，先将种子浸泡在温水中24小时，可以加快发芽。

成 熟 天 数 75天。

株 距 10厘米。

种子覆土深度 6毫米。

栽 种 时 间 秋季栽种最好。秋季蝉停叫后种下。

在无霜的南方，冬天也可以栽种，一直到荠菜初生时都可以种。

在北方，春季也可以栽种。柳树萌芽时在地里栽种。

特　　性　源自欧洲和西亚的一种两年生植物。第一年长出的叶子可做调料，第二年开花结籽。香菜籽和油也都是很好的调料。

香菜喜欢凉湿的气候，喜欢日照，但在日照不好的地方也还可以生长。

育　　苗　在育苗箱里撒种播种。长出真叶后移栽到地里。

幼苗要注意日照、通风和浇水。

定　　植　配制肥料：1份棉籽、1份磷灰石粉、4份草木灰。每行每米105克。提前1~2周，在田里铺上一层2~3厘米厚的干粪，上面撒上配好的肥料，然后细细地翻入土中。

移　　栽　挖出定植穴，把幼苗放入，埋好。施一些液体肥，浇足水。周围铺上覆盖物。

直接撒种栽种　用条播法。幼苗长出后，不断间苗，使幼苗不致拥挤。幼苗周围要盖上覆盖物。

如果你的菜园是"免耕菜园"，先撒基肥，铺上堆肥，然后把幼苗埋好，铺上覆盖物。

日常管理　注意覆盖和浇水。

采　　收　食用前，采割下叶茎。晒干了储藏也可以。

病虫害　叶斑病。

胡萝卜象鼻虫、蚜虫、线虫。

第三十节 玉 米

植 物 分 类　禾本科。

土壤酸碱度　pH值在6~7最好。

发 芽 天 数　5~8天。

成 熟 天 数　65~100天。

株　　　距　20~30厘米。

种子覆土深度　25毫米。

栽 种 时 间　春季青蛙叫后2~3周栽种。

特　　　性　源自南美秘鲁南部安第斯山区的玉米，曾是美洲印第安人的主食之一。欧洲人则是在哥伦布发现新大陆后，才知道玉米的。可是，玉米在欧洲一直都没有成为主要粮食作物，因为欧洲的夏季不够炎热，日照也不够长，不适合种玉米。

　　　　　　玉米喜日照和高温，怕霜怕风。天气越热，成熟得越快。玉米的根虽然可达2米深，但由于叶面大，生长快，所以需水量很大，也非常吃肥。

　　　　　　开花后，花粉从长在上方的雄穗落到长在下方的雌穗上，雌穗就开始长出玉米棒子。如果同时种上两个品种，要至少相隔30米，因为玉米很容易杂交。

育　　　苗　先在育苗盆里撒种播种。每盆3~4粒，长出2~4片真叶后，间苗成1棵。

　　　　　　幼苗要注意浇水、日照和通风。

定　　植　配制肥料：2份棉籽、1份磷灰石粉、2份花岗石粉。每行每米45克。草木灰每行每米200克。栽种前1~2周，在田里铺上一层3~5厘米厚的干粪，上面撒上配好的肥料，细细地翻入土中。

移　　栽　挖出定植穴，把幼苗连盆放入，埋好。施一些液体肥，浇足水。周围铺上覆盖物。

直接撒种栽种　用点播法。每处撒3~4粒种子，用土盖好。幼苗长出后，逐渐间苗留下一棵最健壮的。幼苗周围要铺上覆盖物。

如果你的菜园是"免耕菜园"，先撒基肥，然后把幼苗放好，周围铺上堆肥，将幼苗埋好，盖好覆盖物。

日常管理　注意覆盖和浇水。尤其是吐穗期间，玉米需要大量的水。如果常晴无雨，一定要浇水。水要浇得透，不要只把表土打湿。

人们一直以为要割除腋芽，但现在事实说明，额外的叶子会为玉米提供更多的养料。因此，在许多国家，割除腋芽的做法已经被淘汰了。

另外事实也证明覆盖能增加玉米的产量。

采　　收　玉米棒子一成熟就要采收。尤其在炎热的天气里，多过一两天，玉米棒子就变得太老了。

当穗子变干焦，而棒子尖还没有变硬，用指甲掐一下玉米粒会流汁时，正是采收的最好时间。过了这个时间，玉米粒就会变硬变老，也没有了甜味。

采收后1小时之内，部分糖分就会转变成淀粉。所以要趁新鲜食用。不然，就要冷藏，或罐装或晾制成干菜保存。

做种的棒子要留待变干后才采收，然后放在干燥通风的地方保存。

病 虫 害 玉米丝黑穗病。

玉米螟幼虫、玉米穗夜蛾、蚜虫等。

第三十一节 洋 葱

植 物 分 类 百合科。

土 壤 酸 碱 度 pH值在5.5~6.5。

发 芽 天 数 8~10天。

成 熟 天 数 叶用：55天；球茎：100~130天。

株 距 10~15厘米。

种子覆土深度 6毫米。

栽 种 时 间 秋季栽种最好。秋季蝉停叫后种下。

在无霜的南方，冬季也可以栽种，一直到柳树落叶时。

在北方，春季也可以栽种。先在温室里育苗，柳树萌芽时移栽到地里。育苗要提前8~10周。

特 性 洋葱的种植历史如此悠久，以致我们已经很难考证它的发源地。一般的说法是洋葱源自小亚细亚或印度。

洋葱喜日照和凉爽的气候，当天气变热时就会开花。洋葱除了叶子和球茎可以食用，花开得也很好看，所以有人也喜欢用洋葱点缀花坛。

洋葱喜欢细软的沙壤土。根很浅，所以要注意覆盖。

育　　苗　在育苗箱里撒种播种。长出真叶后，移栽到育苗盆中。移栽时，太细长和太粗短的幼苗要丢弃。

幼苗要注意日照、通风和浇水。

定　　植　配制肥料：1份棉籽、1份磷灰石粉、5份花岗石粉或海藻肥。每行每米60克。干粪或堆肥，每行每米30克。提前1~2周，在田里撒上肥料，细细地翻入土中。

移　　栽　挖出定植穴，把幼苗连盆放入，埋好。施一些液体肥，浇足水。周围铺上覆盖物。

直接撒种栽种　用条播法。幼苗长出后，不断间苗，使幼苗不致拥挤。幼苗周围要铺上覆盖。

如果你的菜园是"免耕菜园"，先撒基肥，然后把幼苗连盆放好，周围铺上堆肥，将幼苗埋好，再盖上覆盖物。

日常管理　洋葱的根很浅，要注意覆盖和浇水。尤其在球茎初生的时候，缺水会造成球茎分裂。

当球茎渐渐成熟时，要停止浇水，并将叶子打成结，可以促使养分集中供给根部，使球茎长得更好。

采　　收　叶用：在球茎形成之前拔出食用。

球茎：在南方，25%的叶子倒地后，将洋葱拔出，在地里晾半天后，再放在干燥通风的地方晾两周后再收藏起来。在北方，50%以上的叶子倒地后，将洋葱拔出，在地里晾1~2天后，再收藏在阴凉、通风的地方。小洋葱将叶子打辫挂起来，大洋葱留2~3厘米叶子。

病 虫 害 葱蝇幼虫、葱蓟马、霜霉病。

第三十二节 香 葱

植 物 分 类 百合科。

土壤酸碱度 pH值在5.5~7。

发 芽 天 数 8~10天。

成 熟 天 数 60~75天。

株 距 5厘米。

种子覆土深度 撒种：6毫米。

用葱头种：2~3厘米。

栽 种 时 间 在南方，一年四季都可以栽种。在北方，除了冬季，都可以栽种。

特 性 香葱是洋葱的一个变种。香葱可以撒种栽种，也可以用葱头来栽种的。可以当作多年生植物来栽种。

香葱喜日照和温和的气候。肥沃的沙壤土最适合种香葱。

育 苗 在育苗箱里育苗。

栽 种 配制肥料：1份棉籽、1份磷灰石粉、5份花岗石粉或海藻肥。每行每米60克。干粪或堆肥，每行每

米30克。提前1~2周，在地里撒上肥料，细细地翻
入土中。

移　　　栽　挖出定植穴，把幼苗放入，埋好。施一些液体肥，
浇足水。周围铺上覆盖物。与葱头栽种时相仿。

直接撒种栽种　用条播法。幼苗长出后，不断间苗，使幼苗不致
拥挤。幼苗周围要铺上覆盖。

如果你的菜园是"免耕菜园"，先撒基肥，然后
铺上堆肥，将幼苗埋好，周围铺上覆盖物。

日 常 管 理　香葱的根很浅，要注意覆盖和浇水。

采　　　收　叶子长到15~20厘米时，就可以采割或是连根拔起。

病　虫　害　葱蝇幼虫、葱蓟马、霜霉病。

第三十三节　韭　菜

植 物 分 类　百合科。

土壤酸碱度　pH值在6~7。

发 芽 天 数　8~13天。

成 熟 天 数　第二年起采收。叶子长
到15厘米后即可采割。

株　　　距　10~15厘米。

种子覆土深度　6毫米。

栽 种 时 间　播种：春季柳树萌芽时开始育苗，青蛙叫后3~4周
种在地里。

分株：秋季蝉停叫后，进行分株，重新栽种。

特　　　性　原产于印度和中国的韭菜，是一种多年生的百合

科植物。除了叶子可以食用外，韭菜花在开放之前也是一道美食。韭菜浅紫色或白色的小花也非常美丽，可以用来装饰花坛。

韭菜可以撒种栽种。一旦长出后，根部会不断长出新苗，直到成为一大丛。采割三年后，长势会减弱，就要进行分株，重新栽种。

韭菜喜日照和温和的气候，在寒冷的冬季则进入休眠。经常采割能促进韭菜生长。

育　　苗　在育苗箱里撒种播种。移栽时，6~7棵幼苗一丛种到地里。

幼苗要注意日照、通风和浇水。

定　　植　配制肥料：1份棉籽、1份磷灰石粉、5份花岗石粉或海藻肥。每行每米60克。干粪，每行每米30克。提前1~2周，施用基肥，细细地翻入土中。

移　　栽　挖出定植穴，把幼苗放入，埋好。施一些液体肥，浇足水。周围铺上覆盖物。

直接撒种栽种　用条播法。幼苗长出后，适当间苗，使幼苗一丛一丛生长。幼苗周围要铺上覆盖。

如果你的菜园是"免耕菜园"，先撒基肥，然后铺上堆肥，将幼苗埋好，周围铺上覆盖物。

日 常 管 理　注意覆盖、浇水。

采　　　收　3年后，韭菜长势会减弱，所以每3年要进行分
株，重新栽种。做法是：。

　　　　　　将老韭菜全部挖起，用剪刀修理根和叶，4~5棵一
组，重新栽种。

　　　　　　采收栽种后第二年，当叶子长到15厘米时，离地
2~3厘米割下。不到一个月的时间，新叶又会长
出。如果留下太长的叶蒂，会影响新叶生长。

　　　　　　如果要收韭菜花。要在花开之前，将花茎离地5~6
厘米割下。

病 虫 害　蚜虫、葱蓟马、霜霉病。

第三十四节　大　葱

植 物 分 类　百合科。

土壤酸碱度　pH值在6~8。

发 芽 天 数　7~10天。

成 熟 天 数　70~130天。

株　　　距　10~15厘米。

种子覆土深度　3~6毫米。

栽 种 时 间　秋季栽种最好。秋季蝉停叫后种下。

　　　　　　在无霜的南方，冬天也可以栽种，一直到柳树落叶时。

　　　　　　在北方，春季也可以栽种。先在温室里育苗，柳
树萌芽时移栽到地里。育苗要提前6~8周。

特　　性　　大葱是一种两年生的百合科植物，来自瑞士，在
　　　　　　阿尔及利亚也有发现野生的大葱。

　　　　　　大葱喜日照和肥沃的壤土。可以忍受一定寒冷和炎热。

育　　苗　　先在育苗箱里撒种播种。长出真叶后，移栽到育
　　　　　　苗盆中。长到12厘米左右高，可以移栽到地里。

　　　　　　幼苗要注意日照、通风和浇水。

定　　植　　移栽：挖一条15厘米深的沟，填入2~3厘米厚的堆
　　　　　　肥或干粪。然后把幼苗放入，盖上土（不必将沟
　　　　　　填满）。施一些液体肥，浇足水。周围铺上覆盖
　　　　　　物。随着大葱渐渐长大，用土将沟填满。这样才
　　　　　　会有白嫩的葱茎吃。

直接撒种栽种　挖一条15厘米深的沟，倒入2~3厘米厚的堆肥或
　　　　　　干粪，盖上一层土，但不必把沟填满。在上面撒
　　　　　　种，幼苗长出后，不断间苗，使幼苗不致拥挤。
　　　　　　幼苗周围要铺上覆盖。其他做法与移栽相同。

　　　　　　如果你的菜园是"免耕菜园"，先撒上2~3厘米厚
　　　　　　的堆肥或干粪，然后铺上堆肥，将幼苗埋好，周
　　　　　　围铺上覆盖物。随着大葱长大，逐渐添加覆盖物
　　　　　　6~7厘米厚，可以使得葱茎白嫩。

日常管理　　注意覆盖、浇水和培土。

采　　收　　在寒冷的北方，在冰冻之前，将大葱整棵拔出。

　　　　　　在温暖的南方，可以把大葱留在地里过冬，要用
　　　　　　时再拔出。

病虫害　　　葱蝇、葱蓟马、潜叶蝇、霜霉病、锈病。

第三十五节　大　蒜

植 物 分 类	百合科。
土壤酸碱度	pH值在5.5~8。
发 芽 天 数	春季7~10天；秋季 15~20天。
成 熟 天 数	60~75天。
株　　　距	10~15厘米。
种子覆土深度	5厘米。
栽 种 时 间	春季：柳树萌芽时栽种。
	秋季：青蛙停叫后栽种。

特　　　性　　原产于西鞑靼的大蒜，是一种多年生的葱科植物。喜日照和温和的气候，不适应多雨的气候。幼苗也经得起霜打。肥沃的沙壤土最适合栽种大蒜。

大蒜的地面部分可以长至60厘米高，花开粉红色，根深可达60厘米左右。一般不结籽，是用蒜瓣来栽种的。

育　　　苗　　在育苗箱里育苗。蒜瓣要在栽种前才瓣开，不要过早瓣开。要让蒜瓣直立，根朝下。幼苗长出后，移栽到地里。

幼苗要注意日照、通风和浇水。

定　　　植　　配制肥料：1份棉籽、1份磷灰石粉、5份花岗石粉或海藻肥。每行每米60克。干粪或堆肥，每行每米30克。提前1~2周，在地里撒上上述肥料，细细地翻入土中。

移　　栽　挖出定植穴，把幼苗放入，埋好。施一些液体肥，浇足水。周围铺上覆盖物。

直接撒种栽种　挖出定植沟，埋入蒜瓣。等幼苗长出后，铺上覆盖物。

如果你的菜园是"免耕菜园"，先撒基肥，然后铺上堆肥，将幼苗埋好，周围铺上覆盖物。

日 常 管 理　注意覆盖、浇水。

当大蒜将近成熟时，将叶子打结或踢倒，以减缓生长，使养分集中供给根部。这时，要停止浇水。

采　　收　等叶子全部干萎倒地后拔出。放在太阳下晒干，然后将叶子和根各留1寸长，其余剪去。放在干燥通风阴凉的地方保存。如果数量不多，也可以将叶子打辫子，挂在干燥通风阴凉的地方保存。

病 虫 害　葱蝇幼虫、葱蓟马、霜霉病。

第三十六节　芦　笋

植 物 分 类　百合科。

土壤酸碱度　pH值在6~7。

发 芽 天 数　14~21天。

催　　芽　将种子先浸泡48小时后，再播种。

成 熟 天 数　从撒种起，第三年才能开始采收。

株　　　距	第一年：15厘米；第二年：45厘米。
种子覆土深度	6毫米。
栽 种 时 间	春季柳树萌芽时在地里撒种栽种。
特　　　性	野生芦笋来自南欧、克里米亚和西伯利亚的沿海地区以及河流两岸。直到公元前200年，罗马人才开始人工培植。
	看上去像蕨类植物的芦笋其实是一种多年生的百合科植物。可以长到1~3米高，根系可以伸展2米远，下扎2~3米深。雌雄异株，大的是雄的，小的是雌的。雌树在夏末结出红色的浆果。可食用的部分是初春时未绽放的幼芽。
	芦笋喜日照和清冷的气候。在夏季不很炎热，冬季冷得可以使它进入休眠的地区，最适合栽种芦笋。
	芦笋田要非常向阳肥沃，土质排水性和保水性都要好；要松软，没有粗的沙砾。沙质土不宜种芦笋，因为干得太快。
育　　　苗	先在育苗箱里撒种播种。长出真叶后，移栽到育苗盆中。长到30厘米高再移栽到地里。
	幼苗要注意日照、通风和浇水。
定　　　植	预备土壤（第一年、第二年移栽时也一样）：前一年秋季先施上3~5厘米厚的粪肥，并且每行每米撒上75~150克的磷灰石和花岗石粉，种上豆科绿肥。栽种前再将绿肥翻入地里。
第一年移栽	挖出定植沟，把幼苗放好，盖上土。施一些液体肥，浇足够水。周围铺上覆盖物。

直接撒种栽种　挖出浅浅的播种沟，在上面撒种。幼苗长出后，不断间苗，使幼苗不致拥挤。幼苗周围要铺上覆盖物。

第二年移栽　将第一年种下的芦笋连根挖出。在预备好的田里，挖出深和宽均为30厘米的定植穴，用土在穴底堆成一个土包子，土包子高约穴深一半。然后将芦笋的根摊放在上面。往穴里倒入堆肥、干粪和土，将根部埋入土中2~3厘米即可，不必将穴填满。施一些液体肥，浇水。周围铺上覆盖物。等新芽长出后，渐渐把穴填满。

如果你的菜园是"免耕菜园"，第一年移栽先铺一层堆肥，然后挖穴埋入幼苗。铺上覆盖物即可。第二年移栽先用土堆成一个土包子，将芦笋的根摊放在上面，然后周围铺上堆肥，将根部埋入土中2~3厘米。上面铺上覆盖物。新芽长出后，再逐渐添加10~12厘米厚的覆盖物。

日常管理　注意覆盖、培土和追肥。

覆盖物要有10~15厘米厚。落叶、豆藤、豆荚、干草都可作芦笋的上好覆盖物。如果使用锯木屑、碎木片等含氮量较低的覆盖物，则要与棉籽、干血或粪肥一起使用。橡树叶、松针、泥炭藓、咖啡渣等覆盖物偏酸，不适合给芦笋做覆盖。

芦笋根系发达，如果有厚的覆盖物，一般不需要浇水。

冬季要给芦笋追肥。可以将粪肥铺在覆盖物之下。

采收之后也要给芦笋追肥。推荐肥料配方：3份花岗石粉、2份棉籽、1份骨渣或磷灰石粉。每平方米施用150~200克。

采　　收　撒种栽种后的第三年才开始采收。

不过，第三年只可采收2周；第四年可以采收4~6周；第五年起，才可以正常采收。但从此，可以连续采收15~25年之久。

芦笋芽要趁未绽放前采收。采收时，用手将笋芽压弯，将其扭断即可。早晨采收的芦笋更鲜嫩，下午采收的比较老硬。采收笋芽可以促进更多笋芽长出，如果不采收，很快就没有笋芽了。

留种：选择长势最好的芦笋，将它割下，挂起晾干。摘下果子，放在水中浸泡，把外皮除去。将种子放在太阳下晒一天，再放到干燥通风的地方风干1周，然后收藏起来。

病　虫　害　芦笋叶甲及其幼虫、12星瓢虫（放几只鸡在地里啄虫）。

芦笋锈病。

第三十七节　芋　头

植 物 分 类　天南星科。

土壤酸碱度　pH值在5.5~6.5。

发 芽 天 数　2~3周。

成 熟 天 数　需要7个月的炎热天气才能成熟。

株　　　距　60~75厘米。

覆 土 深 度　芽尖要入土5~7厘米。

栽 种 时 间　无霜的南方，春季柳树萌芽时就可以在地里栽种。有霜的地区，春季柳树萌芽时，在温室里育苗，待青蛙叫后1~2周再种到地里。

特　　　性　原产于印度、马来半岛以及东南亚一些地区的芋头是一种热带植物。喜高温高湿的气候。全世界产量最高的地区是在太平洋群岛、西非以及亚洲热带潮湿地区。

硕大的叶面使得芋头需要吸收大量的水，而海绵结构的叶柄使得芋头即使在积水的地方也能生长。事实上，低洼潮湿而土质肥沃的地方最适合芋头生长。水芋甚至要种在水田里。

虽然芋头喜日照，但比起别的蔬菜都更能忍受阴暗。短日照能促进芋头球茎的生长，而长日照则促进开花。

在自然情况下，芋头极少开花。一般是用芋头的球茎来种植的。

栽种后3个月，小芋头开始形成，6个月后，叶子开始枯死，芋头也就越来越成熟了。种芋选择50克重的、表皮均匀的芋头。

育　　　苗　将种芋头种在育苗盆中。尖的一头向下插入土中，圆的一头向上。出苗后，待户外天气合宜时再移栽到地里。

幼苗要注意浇水、覆盖和日照。

栽　　种	配制肥料：2份棉籽、3份磷灰石、5份草木灰。每株30克。堆肥或干粪每株1 500克，再加一小铲干羊粪。
移　　栽	挖出定植穴，将幼苗放入，撒上配制好的肥料，将幼苗埋好。周围铺上覆盖物。以后再逐渐添加覆盖物，使块茎不会裸露出来。
直接栽种	挖出定植穴，将种芋放入，撒上配好的肥料，将种芋盖好。注意要使芽尖入土5~7厘米。周围铺上覆盖物。等幼苗长出后，再逐渐添加覆盖物，使根部不会裸露出来。
	如果是"免耕菜园"，不必挖穴，直接将幼苗或种芋摆在旧的覆盖物上，然后撒上肥料，将幼苗或种芋埋好，周围铺上覆盖物。随着芋头长大，逐渐添加覆盖物，使块茎不会裸露出地面。
日常管理	芋头需水量非常大。人们甚至将整个芋头田泡水。如果不泡水，也要浇大量的水，并注意覆盖。
	栽种后3个月，芋头开始形成时，田地如果泡水就要把水放掉，以促进芋头生长。栽种后6个月，芋头快要成熟时，可以停止浇水，让芋头成熟。
采　　收	初霜前要采收。先将芋叶割除，然后挖出芋头。将芋头放在干燥通风的地方保存。大个的芋头比较难保存，要先食用。
病　虫　害	芋腐败病、芋疫病。
	芋双线天蛾、斜纹夜蛾。

第三十八节　姜

植物分类　姜科。

土壤酸碱度　pH值在5~7。

发芽天数　1个月。

成熟天数　6~8个月。

株　　距　20~25厘米。

覆土深度　芽尖入土3~5厘米。

栽种时间　春季柳树萌芽时开始育苗，布谷鸟叫时移栽到地里。

特　　性　原产于东南亚热带地区。今天，姜的主要产地是亚洲热带和亚热带地区、巴西、牙买加和尼日利亚等国家地区。其中50%的姜产自印度。

姜是一种多年生热带植物，喜日照和高温高湿的气候。姜的地上部分可长至1米高。带鳞片的花座长约30厘米，看起来像一只矛头，花开淡紫色，果子则是红色的。但是，一般并不用种子来种姜，而是用它的块茎来栽种。

姜喜松软的土壤，保水性和排水性都要好，没有粗的沙砾。种姜选择带1~3个芽，重量约为50克的姜。大姜可以切成块。

育　　苗　将种姜种在育苗盆中。姜的发芽温度较高，可以用塑料袋将育苗盆盖住，放在阳光充足温暖的地方。

幼苗要注意浇水、覆盖和日照。

栽　　种　　配制肥料：草木灰每株10克，干粪或堆肥每株250克。。

移　　栽　　挖出定植穴，将幼苗放入，撒上肥料，将幼苗埋好。周围铺上覆盖物。随着幼姜长大，逐渐添加10厘米厚的覆盖物。

直接栽种　　挖出定植穴，将种姜放入，撒上肥料，将种姜埋好。注意，要使芽尖入土3~5厘米。周围铺上覆盖物。等幼苗长出后，再逐渐添加10厘米厚的覆盖物，使根部不会裸露出来。

如果是"免耕菜园"，不必挖穴，直接将幼苗或种姜摆在旧的覆盖物上，然后撒上肥料，再铺上覆盖物就可以了。随着幼姜长大，逐渐添加10厘米厚的覆盖物。

日常管理　　姜的根很浅，要注意覆盖和浇水。但在采收前一个月，要停止浇水，以便促进块茎成熟。

采　　收　　等姜叶枯黄后，小心地把姜挖出来。落霜前一定要全部挖出。

将根和叶剪除后，用水洗净晾干，埋在沙子里保存。

病　虫　害　　夏天姜叶变黄，多半是因为缺水。

软腐病、姜螟虫。

第三十九节　山　药

植 物 分 类　薯蓣科。

土壤酸碱度　pH值在6~8。

发 芽 天 数　用块茎栽培50天左右
出芽；。

用零余子培植35天左
右出芽。

成 熟 天 数　6~8个月。

株　　　距　25厘米。

覆 土 深 度　5~8厘米。

栽 种 时 间　春季柳树萌芽时开始
育苗，青蛙叫后1~2周种到地里。

特　　　性　原产于亚洲、西非和南美等热带和亚热带地区。全
世界共有600多个品种，是仅次于甘薯和木薯的根
类作物。有的品种有毒，煮熟或烧烤后方可消除。
被非洲Hottentot人当面包吃的"乌龟背"可能是世
界上最大的一种山药了，一个可重达318千克。

中国自古栽种山药。常见的品种有两个：①山
药，又名家山药。在中国中部和北部广泛栽培。
河南怀山药、山东济宁米山药都是有名的品种。
②参薯，又名大薯、柱薯。在福建、广东、台湾
一带普遍栽培，茎蔓方形而有棱翼。

山药是蔓生植物。茎蔓生长3～4个月后地下部分

开始膨大，一般每株长有1~3个块茎，有的品种块茎更多而小一些。块茎顶部长着粗壮的吸收根，水平方向生长，上有须根。块茎的形状有长的，有扁的，还有不规则的块状。

山药不耐霜冻，喜欢晴朗温暖的气候。土层深厚、土质疏松肥沃的沙壤土最适合种植山药。

一般栽种山药用地下块茎进行栽培。但每3~4年，要用零余子培植出来的地下块茎来更新一次，才能保持长势。零余子是长在山药叶柄基部的果实状块茎。可以用来繁殖和食用。

育　　苗　扁形山药，只有顶部能发芽，所以要纵向切，每块100克左右。长形山药任何部位都能发芽，可以切成数段，每段5~10厘米长。将切块晾上30天，再将切面在草木灰中滚一滚，以防止病菌感染。

将山药块纵向埋在育苗盆中，浇足水。等户外温度适宜时再移栽到地里。

幼苗要注意日照。

栽　　种　配制肥料：堆肥每株2桶，干羊粪每株1桶，草木灰每株20克。

移　　栽　挖出定植穴，倒入肥料，然后盖上一层土。将幼苗放入，埋好。周围铺上覆盖物。浇足水。

直接栽种　挖出定植穴，倒入肥料，然后盖上一层土。将山药块放入，埋好。周围铺上覆盖物。浇足水。

如果是"免耕菜园"，先铺上肥料，然后铺一层堆肥，将幼苗或山药块埋入。铺上覆盖物即可。

日常管理　山药出苗后几天就长蔓，需要插扦或搭架。高度
　　　　　为2~3米。具体见田间管理。

　　　　　山药比较耐旱，一生只要浇水5~7次即可，但每一
　　　　　次要浇透。定植时，要浇一次，以促进出苗和发
　　　　　根。第二次浇水宁早勿晚，不等土干就浇。以后
　　　　　根据降水情况，无雨时每隔半个月浇水一次。

　　　　　另外要注意覆盖，以免土壤板结，影响块茎生
　　　　　长。

采　　收　寒冷地区要在降霜前将块茎挖出，储藏在地窖里。
　　　　　温暖无霜的地区，块茎可以留在地里随时挖出来。

病虫害山　药叶蜂。

第四十节　甘　薯
（番薯）

植物分类　旋花科。

土壤酸碱度　pH值在5.2~6.7最好。

发芽天数　2~3周。

成熟天数　175天。

株　　距　30厘米。

栽种时间　春天青蛙开始叫时，将种
　　　　　薯种下。大约1个月后，
　　　　　将薯藤剪下，种在地里。在南方，春季甘薯采收
　　　　　后，还可以再种一季。

特　　性　原产于美洲热带地区的甘薯，喜高温和日照。开
　　　　　淡紫色的花，看上去很像喇叭花，却很少结籽，

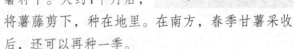

和马铃薯一样是通过块茎繁殖的。但和马铃薯不同的是，甘薯不是直接将种薯种在地里，而是用种薯长出的薯藤进行"插枝"。

甘薯的生命力极强，在贫瘠干旱的地方都能生长，当算是蔬菜中最耐旱的一种了。喜欢偏酸性的沙质土。太黏重的土壤中，容易种出畸形的甘薯。种薯选择中等大小的甘薯，不要太纤细的。育苗将种薯平平地埋在沙子里，深5厘米左右。注意保持日照、温暖和湿润。一个月后，可以将薯藤剪下，准备种在地里。每段薯藤上要有6~8节。

栽　　种　配制肥料：1份棉籽（或是干羊粪）、1份草木灰、1份花岗岩石粉（或干海藻）。每株15克。

先挖出定植穴，倒入肥料，用土将沟填平。然后将幼苗埋入。埋的时候，可以将幼苗平行压入土中2~3厘米，也可以将幼苗直立或倾斜插种在土中。

由于甘薯是从叶下的不定根长出的，所以平行的埋比竖直插种结的甘薯更多。

埋好幼苗后，周围铺上覆盖物，浇水。

如果你的菜园是"免耕菜园"，先撒基肥，然后铺上一层5厘米厚的堆肥。再将幼苗压入土中。

日 常 管 理　薯藤埋下后，过2~3天，最多10天，便会生根。这时要注意浇水。但是，等薯苗根扎牢，开始长出新藤后，就可以不用浇水了。

小甘薯长出后，要进行"翻藤"。就是把薯藤提起，使上面的根断掉。"翻藤"可以使养分集中在主根上，使主根上的甘薯长得更好。

采　　　收　幼嫩的薯叶用油炒了吃，和空心菜一样鲜嫩爽口。

薯藤变黄后可以开始挖甘薯。挖的时候小心不要损伤甘薯，因为破皮的甘薯不易保存。在有霜的地方，秋季降霜之前一定要把所有甘薯都挖起来。

挖出甘薯后，先晾晒几天，再收起来。将甘薯埋在干燥的沙子或糠秕中，放在干燥通风的地方，可以保存半年之久。

病　虫　害　甘薯牙蛾、斜纹夜蛾。

第四十一节　空心菜

（又叫蕹菜）

植 物 分 类　旋花科。

土壤酸碱度　pH值要求不严。

发 芽 天 数　1周左右。

成 熟 天 数　 子蕹6周后可采收；藤蕹栽种后4周可采收。

株　　　距	子蕹：10~15厘米；藤蕹：25~30厘米。
种子覆土深度	12毫米。
栽 种 时 间	春季青蛙开始叫后一直到仲夏，都可以栽种。
特　　　性	原产于中国热带多雨地区，在华南、西南地区生长最旺盛。喜高温高湿的环境。不耐寒，15℃以下，生长缓慢，10℃以下，停止生长，遇霜茎叶则枯死。最适合在肥沃而黏湿的土壤上栽种。 按是否结籽分为子蕹和藤蕹两种。子蕹是用种子繁殖的，一般种在旱地里。而藤蕹很少开花结籽，要用藤蔓繁殖，一般种在水田里。
育　　　苗	在育苗箱里撒种播种。幼苗长出后要间苗，使幼苗不致拥挤。长出真叶后，移栽到地里。 幼苗要注意日照、通风和浇水。
定　　　植	配制肥料：1份棉籽、1份磷灰石粉、3份草木灰。每行每米40克。堆肥或干粪每平方米5千克，或者干禽粪2.5千克。提前1~2周，在田里撒上上述肥料，细细地翻入土中。
移　　　栽	挖出定植穴，把幼苗放入，埋好。施一些液体肥，浇足水。周围铺上覆盖物。
直接撒种栽种	用条播法或点播法。幼苗长出后，不断间苗，使幼苗不致拥挤。幼苗周围要盖上覆盖物。 如果是藤蕹，要插藤栽种。将30厘米长的藤蔓斜插入泥中2~3节，然后涨水5厘米。随着藤蔓的生长，水要渐渐加深至15厘米。 如果你的菜园是"免耕菜园"，先撒基肥，铺上

堆肥，然后把幼苗埋好，周围铺上覆盖物。

日 常 管 理　注意覆盖和浇水。

采　　收　趁嫩采摘腋芽。可多次采摘。第一、第二次采摘时，要摘去主芯，基部留2~3芽。以后采摘，只要留1~2芽即可。

气温低生长慢时，10天采摘一次；天气炎热生长快时，每星期都要采摘一次。

病 虫 害　小菜蛾、红蜘蛛、蚜虫、卷叶虫、蚱蜢等。

第四十二节　苋　菜

植 物 分 类　苋科。

土壤酸碱度　pH5.5~7.5都可以，但偏碱性土壤最好。

发 芽 天 数　3~15天。

成 熟 天 数　30~60天。

株　　距　15~30厘米。

种子覆土深度　3~6毫米。

栽 种 时 间　春季青蛙开始叫后一直到夏末，都可以栽种。

特　　性　原产于南美安第斯山区和墨西哥。我国早在公元前300年就有栽培苋菜的记载。

苋菜是一年生草本植物，性喜热，20℃以下生长缓慢，10℃以下种子难发芽。苋菜对土壤要求不严。由于根系发达，比较耐旱，但不耐涝，排水不良的土壤不宜栽种。

作为蔬菜栽培的苋菜按叶子颜色可分为：绿苋、红苋和彩苋。绿苋比较耐热，红苋中等耐热，彩苋比较耐寒。

育　　苗　在育苗箱里撒种播种。幼苗长出后要间苗，使幼苗不致拥挤。长出真叶后，移栽到地里。

幼苗要注意日照、通风和浇水。

定　　植　配制肥料：1份棉籽、1份磷灰石粉、3份草木灰。每行每米40克。堆肥或干粪每平方米5千克，或者干禽粪2.5千克。提前1~2周，在田里撒上上述肥料，细细地翻入土中。

移　　栽　挖出定植穴，把幼苗放入，埋好。施一些液体肥，浇够水。周围铺上覆盖物。

直接撒种栽种　用条播法或撒播法。幼苗长出后，不断间苗，使幼苗不致拥挤。幼苗周围要盖上覆盖物。

如果你的菜园是"免耕菜园"，先撒基肥，然后铺上堆肥，将幼苗埋好，周围铺上覆盖物。日常管理注意覆盖。

春季雨水多，不必浇水，但夏季和秋季比较干旱时，要适当浇水。

采　　收　苋菜可多次采收。第一次采摘主芯，以后可用刀割收，留下5厘米左右的主茎，又会长出新叶来。

病　虫　害　白锈病、蚜虫。

第四十三节　菠　菜

植 物 分 类　黎科。

土壤酸碱度　pH值在6~6.7最好。

发 芽 天 数　5~9天。

催　　　芽　气温高时不容易发
　　　　　　芽，要先用湿润的纸
　　　　　　巾包着，放在低温阴
　　　　　　凉的地方或冰箱里，
　　　　　　待冒出芽尖后，再播种。

成 熟 天 数　40~50天。

株　　　距　10~15厘米。

种子覆土深度　12毫米。

栽 种 时 间　在南方，除了盛夏之外，全年都可以栽种。

　　　　　　在北方，春秋两季栽种。春季柳树萌芽后栽种，
　　　　　　秋季蝉停叫后栽种。

特　　　性　原产于西亚寒冷地区的菠菜，非常耐寒，幼苗在
　　　　　　零下9℃的低温仍能存活，却耐不住25℃以上的炎
　　　　　　热天气。喜欢凉爽的气候。育苗在育苗箱里撒种
　　　　　　播种。幼苗长出后要间苗，使幼苗不致拥挤。长
　　　　　　出真叶后，移栽到地里。

　　　　　　幼苗要注意日照、通风和浇水。但是，土壤不可
　　　　　　太湿，不然容易得苗枯病。

定　　　植　配制肥料：1份棉籽、1份磷灰石粉、3份草木灰。

每行每米40克。堆肥或干粪每平方米5千克，或者干禽粪2.5千克。提前1~2周，在田里撒上上述肥料，细细地翻入土中。

移　　栽　挖出定植穴，把幼苗放入，埋好。施一些液体肥，浇足水。将育苗盆拔出，做防地老虎的保护套。周围铺上覆盖物。

直接撒种栽种　用条播法。幼苗长出后，不断间苗，使幼苗不致拥挤。幼苗周围要盖上覆盖物。

如果你的菜园是"免耕菜园"，先撒基肥，铺上堆肥，将幼苗埋好，周围铺上覆盖物。

日常管理　注意覆盖。无雨的时候，3~4天浇一次水就可以了。

采　　收　菠菜要趁嫩采收。一般长出6片叶子以后就可以采收了。

病　虫　害　苗枯病、霜霉病、炭疽病。

菠菜潜叶蝇。

第四十四节　莲　藕

植物分类　莲科。

成熟天数　3~4个月。

株　　距　1~2米。

栽种时间　春季青蛙开始叫后栽种。

特　　性　原产于印度和中国的莲藕，是一种喜

热的多年水生植物，在我国已有3 000年左右的栽培历史。

由于用莲子很难发芽，一般是用前一年的老藕来繁殖的。

春天，老藕的藕头会萌发出新芽，先向下生长，然后沿水平方向伸展，形成手指大小的地下茎——藕鞭。藕鞭可达7米多长。

藕鞭是一节一节长的，每一节上都能生出须根、叶梗和花梗来。藕鞭自第3节起，每节还会分生出侧鞭，侧鞭又会生出侧鞭来。藕鞭在10~13节以后开始膨大形成新藕，侧鞭末端也会膨大长出新藕。

新藕一般由3~4节组成。最前一节短而粗，称作藕头，中间1~2节长而粗，称为藕身，最后一节长而细，连着藕鞭，称为后把。有的藕身上还可分生出1~3节的子藕，子藕又会长出孙藕。

藕中间的孔道与藕鞭、叶梗中的孔道相通，叶梗的孔道又与荷叶中心的叶脐相连，进行气体交换。

藕鞭最初长出的2~3片叶子很小，叶梗柔嫩，不能直立，只能浮于水面，称作浮叶。随后长出的叶子，随着气温的升高，则愈来愈大，叶柄也愈来愈长，粗硬的叶梗上还长着倒刺，挺立在水面上，这些叶子称作立叶。此后长出的立叶又开始变小，叶梗变短。但在结藕前，又会长出一片最高大的立叶，叶柄刺多而尖利，称为后把叶。最后长出的一片叶子则小而厚，叶梗短细无刺或少刺，称为终止叶。挖藕时，认出后把叶和终止叶，就可以找到藕了。

荷花是两性花，既有雄蕊又有雌蕊。花在5:00左右开放，15:00左右闭合。

莲蓬实际上是花托，每个莲蓬里有15~25粒莲子。自开花到莲子成熟需要35~40天。莲子的寿命很长，在10℃以下的可以保存2 000多年。

种藕的选择　选择藕身肥大且有两节以上，后把较粗，藕头芽旺的藕作种藕。

育　　苗　一般是种藕时，边挖、边挑、边种。不要特别育苗。

但如果希望快一些发芽，也可以在栽种前20天左右，将种藕埋在稻草中，每天洒水1~2次，保持20~25℃的温度，待芽长出10厘米后，再种到藕田里去。

栽　　种　预备藕田：提前2周将基肥翻入土中。每平方米要施7.5千克左右的粪肥。栽种前1~2天再将藕田耙一次，涨水至6~8厘米深。

栽种时，将种藕与地面成20度角斜插入土中，藕头向下入土10~12厘米，藕梢翘出水面。

日常管理　藕的生长期可分为3个阶段，各个阶段需要不同的照料。

萌芽期：从开始萌芽到出现立叶。这一阶段，气温较低，应保持4~7厘米深的浅水，以提高土壤温度，促进发芽生长。

生长期：从长出立叶到出现终止叶。这一阶段，气温不断升高，是藕鞭、荷叶和荷花生长旺期，水层要逐渐提高到12~15厘米深。立叶出现时，可以进行追肥。追肥前要把水放干，追完肥后再恢复水位。

结藕期：从长出终止叶，到荷叶枯萎。终止叶出现后，开始结藕，又要降低到4~7厘米的浅水，以促进藕的成熟。这时追肥，可以使新藕长得肥大。当气温下降到15℃时，荷叶开始枯黄凋萎，新藕停止生长。初霜来临时，藕鞭逐渐枯死腐烂。

采　收　立叶边缘开始枯黄时，藕就成熟了，可以一直采挖到第二年春天。

挖藕前要先将藕田的水放干。

先辨认出后把叶和终止叶，判断出藕的方向和位置。将藕鞭离后把6厘米处割断，然后将藕仔细地挖出来，小心不要损伤藕皮。

藕不耐储藏。春季和秋季挖出的藕只能储藏10~15天，冬藕可储藏30天。

种藕可以留在田里越冬，藕田要用浅水覆盖，以保持土壤温度。第二年春天栽藕前挖出老藕，边挖、边选、边种。

病　虫　害　腐败病、蚜虫、斜纹夜蛾。

第六章　病虫害防治

第一节　病虫害预防与控制

如何有效地对付病虫害呢？我们知道对付人身上的疾病，最重要的并不是打针吃药，而是要采取预防措施。对付蔬菜病虫害也是这样。

不合理使用化学农药等，常严重影响蔬菜产品的食用安全，以至于人们一谈起蔬菜农药高残留就"谈虎色变"，这也成为人们为获取洁净产品热衷于自己种菜的理由之一。其实使用农药进行化学防治只是病虫害防治中的一部分，更重要的是应该同时通过农业防治、生物防治、物理机械防治等手段进行综合防治，这对于改善农田小菜园蔬菜产品品质，保障小菜园可持续发展具有重要意义。

一、农业防治

农业防治主要通过重视和改善菜田的生态环境，创造有利于蔬菜生长的条件，抑制或减少病虫害的发生。农业防治是综合防治的基础，可起到主动预防作用，对环境无不良影响。

在"产前""产中"要注意对种植地块进行轮作倒茬；

强调秋耕、冬季冻土晾、杀灭病菌、虫卵；

采用抗病、耐虫品种，创造良好育苗条件、培育壮苗，选用无病、虫种苗，或进行换根嫁接（如黄瓜、西瓜）；

正确确定播种期、定植期，适当密植，改善田间通风。

进行科学施肥、浇水，及时进行其他田间管理，增强蔬菜本身抗性。

采收适时，货堆通气，及时进行清洁园田。

二、物理机械防治

利用温、光、电、声、射线等各种物理因子以及器械装置展开诱杀和阻隔，对病虫害进行防治，即物理防治。

1.高温灭菌防治病害

采用汤浸种或高温干热处理种子进行灭菌。

采用高温蒸汽和夏季高温闷棚（温室、塑料棚），进行土壤消毒，杀灭土壤中的根结线虫和多种害虫。

利用高温、高湿闷棚可防治黄瓜霜霉病、白粉病、角斑病等多种病害。

2.诱杀和驱避

利用害虫趋光性，以黑光灯、双波灯、高压汞灯诱集夜出性害虫，并加以杀灭。

用黄板诱捕粉虱、蚜虫、潜叶蝇等害虫；用蓝板诱杀蓟马类害虫。

利用银灰色遮阳网或银灰色地膜盖、张挂银灰色条状农膜，避拒有翅蚜虫、蓟马等传毒昆虫，可有效减轻病毒病的发生和为害。

3.人工防除

人工及时摘除蔬菜植株的初发病叶、果实或拔除中心病株，避免病原物进一步扩大蔓延，用人工摘除斜纹夜蛾卵块，利用害虫假死习性捕杀金龟子、马铃薯瓢虫等及时进行除草，阻断病虫害传染途径。

三、化学防治

应用各种化学农药直接杀灭病菌和害虫，即化学防治。化学防治杀灭作用快，防治效果好，施药方法多，使用简便，应用广泛。

注意事项：使用、保管不当，则易引起植株受药害，人畜中毒，污染环境和蔬菜产品，杀伤天敌或导致某些害虫产生抗药性，进而破坏生态平衡，引起其他害虫猖獗为害。

农药研制已向高效、低毒，对环境和天敌安全的方向发展，近年已有一些新型杀虫剂先后应用于生产，例如，酮（扑虱灵），氟啶脲（抑太保、定虫隆），灭蝇胺，氟铃脲（盖虫散），虫酰肼（米满），吡虫啉（艾美乐、蚜虱净、康福多、大功臣），阿克泰等。

使用农药时必须坚守下述原则。

●严格遵守国家规定，在蔬菜生产上禁用剧毒、高毒、高残留和具有致癌、致畸、致突变作用的农药。

●根据防治对象选用高效、低毒、对环境安全的药剂。

●仔细阅读农药说明书，准确掌握施药适期、用药方法、用药量、药液浓度和用药次数。

●严格执行安全间隔期（最后一次施药距采收的天数），减少蔬菜产品农药残留，以保证安全达标。

●最好轮换使用机制和作用不同的农药，以避免病原菌或害虫很快产生抗药性。

四、生物防治

利用有益生物及其代谢产物和基因产品进行病虫害防治。生物防治是综合防治的重要组成部分，对人畜和天敌都很安全，且不会对环境和蔬菜产品造成污染，很值得提倡应用。

以菌治虫　即以病原微生物及其代谢产物防治害虫。

例如用细菌制剂苏云金芽孢杆菌（Bt）防治菜青虫、小菜蛾等食叶害虫；用农用抗生素阿维菌素制剂防治小菜蛾、斑潜蝇、害及蚜虫等；用多杀菌素防治小菜蛾，用浏阳霉素防治瓜类、豆类、茄果类蔬菜叶等，均有良好的防效。

以虫治虫　即以食虫昆虫防治害虫。

例如，用甘蓝夜蛾赤眼蜂防治番茄上的棉铃虫；用食蚜蚊防治蚜虫等；用丽蚜小蜂、浆角蚜小蜂防治温室白粉虱、烟粉虱；用小黑瓢虫防治烟粉虱等，均有很好的防效。

以菌治病　即利用病原微生物及其代谢产物防治病害。

●用特立克制剂（木霉真菌）防治蔬菜灰霉病和早疫病等；用菜丰宁（芽杆菌细菌制剂）防治白菜软腐病。

●用农用抗生素新植霉菌和农用链霉素防治角斑病、软腐病等细菌性病害。

●用抗菌素防治白粉病、炭疽病、叶霉病等，均取得了良好的防效。

●武夷霉素防治软腐病、黑星病等，也取得了较好的防效。

利用信息素和激素防治害虫。例如，利用性信息素防治小菜蛾、斜纹夜蛾和甜菜夜蛾，近年已开始广泛应用。

五、自制驱虫剂

柑橘皮驱虫剂　柑橘类的水果含有柠檬烯和芳樟醇，可以杀死蚜虫、菌蚊、粉蚧等软体害虫，还可以驱蚁。用2杯沸水冲泡一只柑橘皮，放置24小时后，加入几滴药皂皂液，即可喷洒。

大蒜驱虫剂　可除蚜虫、粉纹夜蛾、蚂蚱、螨、叶蝉、南瓜椿象、六月鳃角金龟、鼻涕虫和菜粉蝶等害虫，还可以驱除兔子。大蒜中含硫，所以也有很好的杀菌消毒功用。将蒜瓣切末，浸泡在植物油中 24 小时，然后用两汤匙对半升水，再加 1 汤匙药皂皂液，喷洒。这样制成的药液放置数月后仍然有效。注意：温度高于 26℃时不要使用，湿度太高时也不宜使用，以免造成烧伤。

辣根除虫剂　可治蚜虫、芫菁、毛虫、科罗拉多金龟、菜粉蝶及各种软体害虫，包括鼻涕虫在内。将 3 升水煮沸，加入 2 杯红辣椒，3 厘米辣根切碎。搁置 1 小时后，冷却滤渣，喷洒。如果能加入 2 杯天竺葵叶效果会更好。

石灰石（碳酸钙）除虫剂　可除黄瓜叶甲、螨类以及其他常见害虫。将 25 克石灰石粉掺 1 千克水，再加 1 汤匙药皂皂液。每星期最多喷洒两次。

除虫糖水　可消灭线虫，另外可以增加土壤中的微量元素。用半杯糖对 4 升水，待溶解后倒在遭虫害的植物根部。如果在栽种前喷洒土壤，也可起到预防作用。

注意事项：

①喷洒药液时间以清晨或凉爽的傍晚为佳。

②气温高于 26℃时不宜用药，以免造成烧伤。

③最好在大量使用前，先做一下实验，等 24 小时后看有没有不良反应。如果没有，再进行喷洒。

④如果没有什么效果，不要认为增加浓度就一定有效。要想别的办法。

⑤喷洒药液时要注意保护自己的皮肤、眼睛和呼吸器官。

第二节　菜园常见防虫植物

一、唇形科

罗勒：驱除蝇类、蚊子、蓟马。促进番茄生长和风味。不要和芸香种在一起。

猫薄荷：驱除跳甲、蚜虫、铜绿丽金龟、南瓜椿象、蚂蚁和象甲。还能驱鼠。根系发达，能松土。是茄子的好伙伴。

野�麻：驱除马铃薯瓢虫。是茄科植物的好伙伴。

香蜂草：驱除蚊虫。吸引蜜蜂、寄生蜂及其他益虫。能促进番茄生长和风味。

欧夏至草：吸引寄蝇、寄生蜂、食蚜蝇等益虫。能促进番茄和辣椒结果。

牛膝草：驱除菜蛾、跳甲。是甘蓝、葡萄的好伙伴。但不要和芜菁种在一起。

紫叶罗勒：驱除角虫（天蛾的幼虫）。是番茄的好朋友。

熏衣草：驱蛾类、跳蚤。晒干的枝叶也能驱蛾。是蜜源植物，吸引多种益虫。是青蒿，迷迭香、茵陈的好伙伴。

马郁兰：增进许多蔬菜和草药的风味。

牛至：驱除菜粉蝶和黄守瓜。可以和大部分蔬菜种在一起，但尤其是十字花科蔬菜和瓜类的良友。对葡萄也有益处。

鼠尾草：驱除菜蛾、甲虫、跳甲、胡萝卜种蝇。能吸引多种益虫。促进花椰菜、花菜、迷迭香、甘蓝、胡萝卜、草莓生长。但不要和黄瓜、葱科植物、芸香种在一起。

普列薄荷：驱除跳蚤、蝇类、蚊蚋、恙螨、蝉类。是玫瑰的良友。

夏香薄荷：又叫夏风轮菜。驱除菜蛾、豆甲、黑蚜。吸引蜜蜂和其他益虫。促进豆类、葱类生长和风味。

迷迭香：驱除菜蛾、豆甲、胡萝卜种蝇。可以采摘枝叶，盖在蔬菜根部。是甘蓝、豆类、胡萝卜、鼠尾草的好伙伴。

百里香：驱除菜青虫。是十字花科蔬菜的良友。

二、伞形科

葛缕子：根系发达，可起松土的作用。可吸引蚜虫寄生虫、茧蜂、草蛉、蜘蛛、寄蝇、食蚜蝇、寄生蜂等益虫。但不要和莳萝、茴香种在一起。

芫荽：驱除蚜虫、蜘蛛螨、马铃薯叶甲。可以吸引多种益虫。是八角茴香的好伙伴。芫荽茶可以用来做驱虫剂。

细叶芹：驱除蚜虫和鼻涕虫。吸引小花蝽、寄生蜂、寄蝇等益虫。可促进芜菁生长和风味。

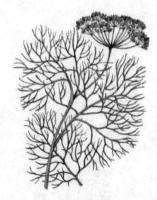

莳萝：吸引食蚜蝇、寄生蜂等多种益虫。驱除蚜虫、蜘蛛螨、南瓜椿象。招引番茄天蛾及其幼虫，因此能为番茄分忧。是葱科植物、甘蓝、玉米和黄瓜的好伙伴。可促进甘蓝的生长和健康。但不要和胡萝卜科蔬菜和葛缕子种在一起。

茴香：能吸引多种益虫。

三、菊科

洋甘菊：富含钙、钾和硫。吸引食蚜蝇和寄生蜂。增进白菜、洋葱、黄瓜风味。增加芳香植物的芳香油。

川芎：是步行虫喜爱的栖身之处。可以增进许多蔬菜的健康和风味。

菊花：杀死线虫。吸引多种益虫。白菊花可以驱除铜绿丽金龟。

香菜：驱除芦笋甲虫。开花时，可吸引寄生蜂和食蚜蝇。是番茄、芦笋的好伙伴。和玫瑰种在一起，可以使玫瑰更加芳香。

脂香菊：驱除蛾类。吸引多种益虫。

大丽花：能驱除线虫。

万寿菊：可驱除豆甲、线虫、粉蝶和其他害虫。应在菜园中多多栽种。对茄科、十字花科和豆科蔬菜尤其有益。

金盏菊：驱除番茄天蛾及其幼虫、芦笋甲虫和其他害虫。是番茄、芦笋的好伙伴。

除虫菊：驱蚊，还能驱除多种害虫。

青蒿：驱除菜蛾。是甘蓝的良友。

茵陈：菊科。是一种有毒的植物。干的枝叶可以用来驱除蛾类、蜗牛、鼻涕虫、跳蚤。当篱笆树栽种，可以驱除动物。不过，会抑制附近植物的生长。

艾菊：驱除蚂蚁、小飞虫、铜绿丽金龟、黄守瓜、南瓜椿象。也能驱除苍蝇、老鼠。可以吸引多种益虫。含钾量很高。是果树、玫瑰、覆盆子的好伙伴。

蓍草：吸引七星瓢虫、寄生蜂等多种益虫。和芳香草药种在一起可以增加其芳香油。

龙蒿：是害虫讨厌的植物。可以促进蔬菜的生长和风味。

四、紫草科

琉璃苣：吸引蜜蜂和寄生蜂。驱除番茄天蛾及其幼虫、菜青虫。能增强几乎所有蔬菜的抗病能力。是瓜类、番茄、草莓的好伙伴。促进番茄生长，增强抗病能力。增加草莓产量和风味。叶子含钙、钾和多种微量元素，是很好的覆盖物。

紫草：富含蛋白质、钾、钙、磷、铁、镁、维生素A、维生素C、维生素B12。紫草是唯一含有维生素B12的植物。紫草非常容易栽种。喜湿，根深可达3米多。有净化臭水的作用。紫草茶是茄科蔬菜极佳的液体肥。做法是：把紫草叶浸泡在水中，过2~4周后，对水（1杯对10升左右的水）施用。

五、百合科

韭菜：驱除铜绿丽金龟、胡萝卜锈蝇。很招蚜虫。促进胡萝卜和番茄的生长和风味。防止苹果痂病。防止玫瑰黑斑病。给黄瓜、南瓜、西葫芦和猕猴桃喷洒韭菜茶可以预防白粉病和霜霉病。

大蒜：驱除铜绿丽金龟、蚜虫、根蛆、蜗牛、胡萝卜种蝇、苹果蠹蛾、白蝇、玫瑰蚜。是玫瑰、覆盆子和果树的好伙伴。

大葱：驱除胡萝卜种蝇。促进胡萝卜、芹菜、葱科其他植物生长。但不要和豆类种在一起。

洋葱：驱除胡萝卜种蝇。能增强草莓抗病能力。是胡萝卜、甜菜、十字花科蔬菜、生菜、番茄和草莓的良友。但不要和夏香薄荷、豆类种在一起。

矮牵牛：驱除芦笋甲虫、叶蝉、蚜虫、番茄天蛾及其幼虫、豆甲和其他害虫。叶子可泡茶做驱虫剂。是芦笋、豆类、番茄好伙伴。

六、其他

苋菜：苋科。可吸引步行虫、寄蝇等益虫。是玉米的好伙伴。

红辣椒：茄科。防止周围植物得苗枯病。辣椒水可以做驱虫剂。是茄子、番茄、菊苣、牛皮菜、秋葵、瓜类、罗勒、牛至、香菜、迷迭香的良友。

八角茴香：八角科。吸引寄生蜂。驱除蚜虫。可治蚊虫叮咬。是芫荽的好伙伴。

月桂：樟科。驱除蛾类和象鼻虫。放几片新鲜叶子在保存谷物和豆类的地方，可防虫。将月桂叶、红辣椒、艾菊和薄荷一起捣碎，撒在菜园中，可杀虫。

三叶草：豆科绿肥植物。可以吸引蚜虫的天敌以及其他益虫。是苹果的好伙伴。

荞麦：蓼科。极好的绿肥植物。含钙量高。能吸引食蚜蝇、寄蝇、草蛉、七星瓢虫、小花蝽等益虫。

蓖麻：大戟科。驱除老鼠。

接骨木：接骨木科。接骨木茶可驱除蚜虫、胡萝卜根蛆、黄守瓜、桃树钻心虫、根蛆。枝叶还能驱除鼹鼠。可防治黑斑病和霉腐病等真菌性病害。也能吸引多种益虫。

麻：亚麻科。驱除马铃薯瓢虫。是胡萝卜科、茄科蔬菜的好伙伴。

辣根：十字花科。驱除马铃薯瓢虫、地胆等多种害虫。用根榨汁对水，是极有效的驱虫剂，有非常强的杀菌作用。是茄科蔬菜的好伙伴。美国宾州州立大学多年研究表明，辣根还有净化被污染的水和土壤的作用。方法：在遭受污染的土壤里种植辣根，然后翻耕入土，再施用过氧化氢。

紫茉莉：紫茉莉科。能有效杀除铜绿丽金龟。不过对人也有毒。

千鸟草：毛茛科。能毒死铜绿丽金龟。但对人也有毒。

天竺葵：天竺葵科。驱除菜蛾、铜绿丽金龟。白色天竺葵能毒死铜绿丽金龟。是葡萄、玫瑰、玉米、甘蓝的好伙伴。

牵牛花：旋花科。吸引食蚜蝇和其他益虫。

旱金莲：旱金莲科。驱除棉虫、白蝇、黄守瓜、南瓜天牛以及其他瓜类害虫。是番茄、芜菁、甘蓝、葫芦科蔬菜的好伙伴。和果树种在一起，保护果树免受许多虫害。

荷包蛋花：沼花科。吸引蚜虫的天敌食蚜蝇。是番茄的好伙伴。

马齿苋：马齿苋科。可以做玉米地的覆盖。菜园长马齿苋，说明土壤非常健康肥沃。

芸香：芸香科。驱除蚜虫、蛾类、跳甲、葱蛆、鼻涕虫、蜗牛、蝇类、铜绿丽金龟。猫非常讨厌芸香的气味。是玫瑰、覆盆子、熏衣草、果树，尤其是无花果的好伙伴。但不要和黄瓜、甘蓝、罗勒、鼠尾草种在一起。

黑麦：禾本科。是很好的绿肥植物。用来做覆盖，可以有效的杀死野草，却不会影响蔬菜生长。可以吸引七星瓢虫和隐翅虫等益虫。

荨麻：荨麻科。花能吸引蜜蜂及其他益虫。促进周围植物生长，增强其抗病能力。富含硅和钙。可做很好的液体肥。

第三节　常见蔬菜病虫害

一、地老虎

描　　述　地老虎，又叫切根虫。是粉翅蛾的幼虫。雌蛾在九月初产卵。通常把卵产在庄稼残梗上。数周后，幼虫出世，饥不择食，此时地里任何庄稼都会被吞吃干净。天气变冷后，幼虫钻入地里过冬。开春的时候，长大的幼虫专吃刚种下的幼苗。它们晚上爬出来，把幼苗咬断，白天钻回地里休息。早晨如果仔细检查受伤幼苗附近的地面，会发现一个小洞，洞边有一堆小泥珠子。挖下去，大约2~3厘米处，就会看到一只肥肥的地老虎正蜷缩在那里舒舒服服地睡大觉呢。

地老虎为害各种蔬菜的幼苗。

控 制 方 法　（1）秋收后，把庄稼残梗翻耕入地。开春的时候，把地再翻耕一遍。

（2）用棕色硬纸皮做幼苗的保护套，插入土中5厘米左右，露出地面3厘米左右。

（3）在植物周围撒一圈草木灰或石灰石粉。

（4）将等量锯木屑和糠用糖浆拌和，傍晚时撒在幼苗周围。

二、螟蛉

描　述　又叫棉铃虫，是一种夜蛾的幼虫。生活习性与地老虎相似。为害棉花、番茄、玉米、谷物等作物。

控制方法　与地老虎相似。

三、各类甲壳虫

描　述　危害最大的是圆甲、黄守瓜、铜绿丽金龟和豆甲等。幼虫吞噬植物的叶、茎、花。如果看到叶子只剩下叶脉和叶膜，那就是豆甲干的。

控制方法　（1）手捉。

　　　　　（2）用石灰石粉和草木灰泡水，喷洒瓜叶上下面。

　　　　　（3）用艾菊做覆盖物。

四、蜘蛛螨

描　　述　蜘蛛螨在叶子背面织出银
　　　　　白色的蛛网，靠吸食叶汁
　　　　　为生。在炎热、凝滞的空
　　　　　气里繁殖最快。

控制方法　（1）用水冲。

　　　　　（2）用大蒜、辣椒和肥皂
　　　　　泡水喷洒。

　　　　　（3）栽种驱除蜘蛛的植物。

五、白　蝇

描　　述　白蝇吸食叶汁，使叶子出
　　　　　现黄斑或变成银白色，最
　　　　　后脱落。白蝇也是病菌的
　　　　　传播者。

控制方法　（1）注意通风和间苗。

　　　　　（2）用海藻液肥喷洒。

　　　　　（3）和驱除蝇类的植物种在一起。

六、蚜 虫

描　　述　吸食植物汁液，使叶子打卷，芽孢、花朵变形。蚜虫还是病害的传播者。

控 制 方 法　（1）用水冲。

（2）将艾菊铺在蔬菜周围。

（3）栽种驱除蚜虫的植物。

七、鼻涕虫和蜗牛

描　　述　最喜欢阴凉的地方。在晚上爬出来，吃靠近地面的叶子，留下一道银白色的黏液。

控 制 方 法　（1）在植物旁边放一碗啤酒，据说可以诱使它们跌入淹死。

（2）也可以在菜畦四周撒一圈粗沙、煤渣、石灰石粉或盐。

八、菜青虫

描　　述　　菜青虫是蝶或蛾的幼
　　　　　　虫。颜色与菜叶颜色
　　　　　　相近。它能把菜叶吃
　　　　　　得千疮百孔。

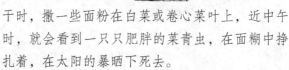

控 制 方 法　　（1）手捉。

　　　　　　（2）清晨趁露水未
干时，撒一些面粉在白菜或卷心菜叶上，近中午
时，就会看到一只只肥胖的菜青虫，在面糊中挣
扎着，在太阳的暴晒下死去。

九、钻心虫

描　　述　　螟蛾等幼虫。蛀食植物茎
　　　　　　秆，使植物折断或倒伏而
　　　　　　死。

控 制 方 法　　（1）在秋季和春季翻耕土
地。

　　　　　　（2）和大蒜种在一起。

十、潜叶虫

描　　述　　包括潜叶蝇、潜叶蛾和潜
　　　　　　叶甲的幼虫。成虫把卵产
　　　　　　在叶肉里，幼虫出世后就
　　　　　　开始吞食叶肉，在叶子里

留下弯弯曲曲的地道，使叶子最终枯萎脱落。

控 制 方 法　（1）摘除病叶。

（2）和驱除潜叶蝇和潜叶蛾的植物种在一起。

十一、蓟　马

描　　　述　只有1毫米长，非常小，眼睛几乎看不见。它们咬开叶子、芽蕾，吸取汁液，致使植物死亡。每季能繁殖好几代。

控 制 方 法　（1）秋收后，把庄稼残梗翻耕入地。开春的时候，把地再翻耕一遍。

（2）用大蒜或洋葱汁对水喷洒。

十二、线　虫

描　　　述　一种非常小，肉眼几乎看不见的，引起根癌的害虫。

控 制 方 法　（1）轮作。

（2）喷洒芦笋汁。

（3）和万寿菊一起栽种。

十三、苗枯病

描　　述　由土壤中的一种真菌导致。

茎自地面处开始腐烂，使幼苗倒伏死去。

又湿又冷的土壤最容易生发苗枯病。

控 制 方 法　（1）注意通风、排水，及时间苗，以免幼苗过于拥挤。另外，不要在冷天的下午和傍晚浇水。

（2）施用海藻液肥会大大增强幼苗抵抗能力。

十四、锈　病

描　　述　先是叶子背面出现黄色、橙色、红棕色的小脓包，使叶子枯萎。脓包破裂，遇上下雨或者浇水，疾病就得以传播。

多在潮湿、寒冷的季节发作。

控 制 方 法　（1）轮作。

（2）选择抗病能力强的好种子。

十五、蔫萎病

描　　述　叶子、叶芽先是萎缩，
继而变黄，最后脱落。

是由于植物体内的输液
导管被细菌或真菌阻
塞，以致缺水缺养料而
死。

控制方法　（1）选择抗病能力强的
好种子。

（2）炎热干燥季节注意浇水。

十六、叶斑病

描　　述　也叫叶疫病，由真菌
和细菌引起。被感染的
叶子上出现黑斑，进而
扩散，直到叶子枯萎凋
谢。落叶严重时会造成
植物死亡。多在潮湿的
春季发作。

控制方法　（1）摘除病叶，拔除病株。

（2）在幼苗时期喷洒大蒜汁杀菌。

十七、疫　病

描　　述　　叶子上先是出现水疱，
水疱处坏死穿孔，最后
叶子脱落。茎和果实上
也会出现水疱和坏死。
被感染的植物很快就会
死亡。

豆类、马铃薯等蔬菜容
易感染疫病。往往是由
于种子携带的病菌导致。

控 制 方 法　　（1）轮作。

　　　　　　　　（2）选择抗病能力强的好种子。

　　　　　　　　（3）用堆肥或干粪泡水喷洒。

十八、白粉病

描　　述　　由某种真菌引发的疾
病。虽然很少导致植物
死亡，却非常难看可
怕。受感染的叶子会蒙
上一层白色或浅灰色的
粉末，然后枯萎。夏末
初秋，昼夜温差大时容
易发病，过于拥挤，或
者环境太潮湿、阴暗也会发病。

控 制 方 法 （1）避免过湿，注意间苗和通风。

（2）种子要消毒。

（3）辣根汁对水喷洒。

十九、根 癌

描　　　述　植物根部长出大大小小的"肿瘤"，妨碍植物吸

收水分和养料，使植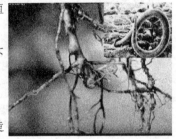

物表现缺水、枯萎，

最后死亡。即使活下

来，也会发育不良。

病因是线虫咬伤根，

使病菌入侵伤口造

成。

控 制 方 法 （1）轮作。

（2）选择抗病能力强的好种子。

（3）除杀线虫。

第四节　常见益虫

益虫名称	消灭的害虫	如何吸引和保护
蚜虫侏儒	蚜虫	种上莳萝、芥末、百里香、草木樨；把菜园开在背风处，在菜园中放一口装满水的平底锅，锅底铺上沙砾
各种蚜虫寄生虫	蚜虫	种一些开小花的蜜源植物，如八角茴香、葛缕子、莳萝、香菜、十字花科植物、白三叶、野胡萝卜、蓍草等。不要使用黄色黏虫剂
猎蝽	许多种害虫，包括种蝇、番茄天蛾及其幼虫、大毛虫	种上篱笆树之类多年生草木，为其提供栖身之处
大眼虫	许多种害虫，包括各种小虫、跳甲、蜘蛛螨、小毛虫等	可以种植一些喜寒的亚历山大三叶草、地三叶草等绿肥植物。大眼虫也喜欢扁竹
茧蜂	夜盗蛾、菜青虫、苹果蠹蛾、舞毒蛾、欧洲玉米螟、甲虫幼虫、蝇类、蚜虫、毛虫以及其他害虫	种一些开小花的蜜源植物，如葛缕子、莳萝、香菜、野胡萝卜、茴香、芥末、白三叶、艾菊、蓍草等，及向日葵、毛叶苕子、荞麦、豇豆、扁竹、番红花、留兰香
豆娘	蚜虫、蓟马、叶蝉、角蝉、各种小毛虫	菊科植物，如一枝黄花、蓍草、紫花苜蓿
步行虫	鼻涕虫、蜗牛、地老虎、白菜根蛆、科罗拉多马铃薯叶甲、舞毒蛾天幕毛虫	种植苋菜、白三叶，采用覆盖，种上篱笆树之类多年生树木，为其提供栖身之处
草蛉上：成虫；中：幼虫；下：卵	各种软体昆虫，包括蚜虫、蓟马、蚧、毛虫、螨、粉蚧	胡萝卜科植物，如葛缕子、野胡萝卜、莳萝等。菊科植物，如向日葵、蒲公英、一枝黄花、艾菊、金鸡菊、波斯菊等，荞麦、玉米、圣叶樱桃、掌叶酒瓶树、皂皮树
七星瓢虫	蚜虫、粉蚧、蜘蛛螨、蚧	胡萝卜科植物，如茴香、当归、莳萝、野胡萝卜、阿米芹。菊科植物，如艾菊、波斯菊、金鸡菊、一枝黄花、蒲公英、向日葵、蓍草、黄春菊、绛车轴草、毛叶苕子、谷类、当地草种、荞麦、黑麦、皂皮树、马利筋、卫矛、大果田菁、鼠李草、滨藜、刺槐

（续表）

益虫名称	消灭的害虫	如何吸引和保护
粉蚧杀手	粉蚧	胡萝卜科植物，如茴香、莳萝、当归等。菊科植物，如一枝黄花、向日葵、金鸡菊、艾菊等
小花蝽	蓟马、蜘蛛螨、叶蝉、玉米穗夜蛾、小毛虫以及其他许多害虫	胡萝卜科植物，如野胡萝卜、芫荽、阿米芹、细叶芹等。菊科植物，如艾菊、波斯菊、一枝黄花、雏菊、蓍草、洁顶菊等。粉蝶花、毛叶苕子、紫花苜蓿、玉米、绛车轴草、荞麦。加拿大接骨木、柳树、灌木丛
寄生线虫	线虫	万寿菊、菊花、天人菊、土木香、小飞蓬、毛木兰、蓖麻、高粱、羽扇豆
螳螂	各种害虫	波斯菊、荆棘。不要用杀虫剂破坏当地植被
捕食螨	蜘蛛螨	不要喷洒农药和化学驱虫剂就可以了
捕虱管蓟马	蜘蛛螨、蚜虫、蓟马、东方蠊、苹果蠹蛾、卷叶蛾、桃芽蛾、紫苜蓿象鼻虫、白蝇、潜叶虫、蚧	不要喷洒农药和化学驱虫剂就可以了
隐翅虫	蚜虫、弹尾虫，线虫，蝇类、白菜根蛆	多年生草木黑麦、谷类、绿肥植物。注意覆盖。菜园中应当有铺石小径
蜘蛛	多种害虫	葛缕子、莳萝、茴香、波斯菊、万寿菊、留兰香
蜘蛛螨杀手	蜘蛛螨	胡萝卜科植物，如莳萝、茴香等。十字花科植物，如香雪球、伞形蜂蜜花
斑腹刺益蝽	秋季夜盗蛾、叶蜂、科罗拉多马铃薯叶甲、墨西哥豆甲	菊科植物，如一枝黄花、蓍草。阿米芹等。多年生草木
食蚜蝇	蚜虫	胡萝卜科植物，如野胡萝卜、莳萝、茴香、葛缕子、香菜、芫荽、阿米芹等。菊科植物，如艾菊、金鸡菊、雏菊、波斯菊、向日葵、万寿菊、蓍草等。凤尾兰、香雪球、伞形蜂蜜花、圣叶樱桃、荞麦、留兰香、粉蝶花、皂皮树等
寄蝇	地老虎、夜盗蛾、天幕毛虫、粉纹夜蛾、舞毒蛾、叶蜂、铜绿丽金龟、金龟子、南瓜椿象、绿蝽、潮虫	胡萝卜科植物，如野胡萝卜、莳萝、葛缕子、阿米芹、香菜、茴香、芫荽等。一枝黄花、荞麦、苋菜、草木樨、香雪球、沙棘

（续表）

益虫名称	消灭的害虫	如何吸引和保护
虎甲	许多昆虫	种一些多年生植物，裸露一些沙土地
寄生蜂	云杉卷叶蛾、棉铃虫、番茄天蛾、玉米穗夜蛾、玉米钻心虫	种一些开小花的蜜源植物，如葛缕子、莳萝、香菜、野胡萝卜、茴香、芥末、白三叶、艾菊、蓍草等。菊科植物，如向日葵、蒲公英、一枝黄花、艾菊、金鸡菊、波斯菊等

第七章　收获、食用及储藏

第一节　收　获

栽种一定要把握好时间，不然菜就种不好。至于收获呢？你可能会想，菜都种好了，收获还不容易吗？拔出来，或者割下来，不就得了吗？

其实，收获也有很多的学问。比如，蔬菜的营养价值就跟收获的时间密切相关。收得太早，菜的营养价值不高；收的太迟，菜又变得太老太硬了。

一般来说，绿叶菜要趁嫩采收，豆角、黄瓜之类的菜也要早一点采收，至于番茄，要等到整个果实都红了再摘，但也不能等到变软了才采摘。

除此之外，你曾否想过，早晨摘的菜和晚上摘的菜营养也有不同，阴雨天和大晴天也会造成区别。

意大利某地有着历史悠久的养蚕业，那里的养蚕人都是在傍晚时分摘桑叶，因为他们发现，用傍晚摘的桑叶喂蚕，蚕丝质量更好。人们对桑叶进行化学分析，就发现傍晚摘的桑叶不但淀粉和糖的含量更高，而且蛋白质、脂肪和维生素的含量也更高。另外，新桑叶的蛋白质含量要比老桑叶高，质地也更好。

这是为什么呢？原来，白天有阳光，是植物进行光合作用制造养料的时候，而晚上没有阳光，植物就靠着白天储蓄的养料生长。你想，傍晚的时候，经过了一天的储蓄，植物体内的养料含量当然就达到了高峰；而早晨呢，经过了一夜的消耗，养料含量就落入低谷了。

所以，一般来说，傍晚时分摘的菜营养价值要比早晨摘的高，晴天采的菜比阴雨天的好。

不过生菜、芦笋之类的蔬菜，早晨采摘的最鲜嫩，下午再采摘就变老硬了。

常见蔬菜推荐采收时间表

蔬菜名称	推荐采收时间
芦 笋	栽种三年后方可采收等笋芽长到15~25厘米高,趁笋芽还没有绽放时割下
各种菜豆豆荚	在豆荚已经完全长大,但里面的豆子还嫩小的时候采收
青花菜	趁深绿色的花蕾没有发散之前采收。主蕾割去后,侧蕾又会长出
花椰菜	在菜花没有发散和变色之前采收
卷心菜	在菜心变得结实,但还没有裂开之前采收
大白菜	菜心变得结实时,就可以采收了
胡萝卜、白萝卜、甜菜之类的根菜	要在根完全长大之前采收。这时正值它们又嫩又脆的时候,无论生吃还是熟食都很可口。太迟了,无论口感还是滋味都不好了
甜玉米	待穗子变干焦,玉米粒变饱满后,但还没有变硬之前采收。可以用指甲掐一下,看有没有乳汁流出,趁有乳汁的时候采收,才好吃
黄瓜、葫芦、丝瓜类	要趁嫩的时候采收。用指甲掐一下,就可以知道是否还嫩。黄瓜当趁瓜呈深绿色的时候采收,不要等到颜色变浅。要将瓜连着一段瓜蒂割下
南 瓜	等瓜皮坚硬,指甲不易掐破时再采收。连着一寸长的瓜藤割下,以便于储藏
茄 子	当茄子皮上出现一层紫色光泽时就可采收。等表皮暗淡了,茄子已经太老了
大头菜	菜头长至5~7厘米大时可以采收
香 瓜	当瓜藤自行脱落,留下一个清晰的瓜蒂时采收
洋 葱	如果要吃叶,就要趁球茎没长大之前。如果要吃球茎,就要等叶子全部枯倒,萎缩至根部后,方能采收
青椒、辣椒	如果是青椒,要在青椒变得硬挺之后,但还没有完全长大时采收。如果是红辣椒,要等果实完全变红之后采收
马铃薯	开花后,就可以采挖马铃薯了。幼嫩的马铃薯皮薄,易剥落,含丰富的维生素C,把它们连皮切块,和豌豆或嫩菜豆一起煮,加上几丝香菜上桌,再好吃不过了。不过幼嫩的马铃薯不宜储藏。 马铃薯会一直长大,直到薯藤枯死为止。薯藤枯死后采收的马铃薯才能长期储藏

（续表）

蔬菜名称	推荐采收时间
番　茄	待整粒果实均匀变红后采收，但要赶在果实变软之前
西　瓜	等靠地面一侧的瓜皮变黄时采收。用指头敲一敲，成熟的西瓜会发出沉闷的声音，而没熟的瓜则发出清脆的声音
菠菜、生菜之类的绿叶菜	要趁嫩采收长到中等大小时采收最好，不要等到完全长大，否则就太老了

第二节　食　用

一、吃的学问

现在菜摘来了，怎么吃呢？是不是吃也有学问呢？

每种菜不但长得样子不一样，颜色不同，而且吃起来味道也各有千秋，对人身体的作用也不一样。怎样吃，才能既得到菜的营养，又享受它的颜色和滋味呢？这的确值得我们去做一番研究，这也是对我们的创造力和想象力的一个挑战。

蔬菜在采收后 24 小时之内，就会丧失 50% 的维生素 C，其他种类的维生素或多或少也会损失一些，另外糖分还会转变成淀粉和纤维，使菜变得老硬、难吃。即使把蔬菜放在冰箱里保存，仍然不能停止某些酶的活动，这些酶会使蔬菜变色、变味，直到发出臭味。因此，蔬菜最好要现采现吃。这也是自己种菜的好处之一——因为你总能吃到最新鲜的蔬菜！

二、蔬菜食用方法

许多蔬菜可以生食。许多身患绝症的人采用生食蔬菜水果的饮食疗法后，健康得到恢复。许多享受健康长寿的男女告诉我们，健康长寿的秘诀是每天生食一定量的蔬菜水果。这是因为，蔬菜中含有的各种维生素和活性物质遇到高温就分解丧失了。

哪些蔬菜可以生食呢？除了生菜、番茄、黄瓜等，还有菠菜、卷心菜、胡萝卜、白萝卜、青椒、花椰菜、青花菜、甜菜、芹菜、香菜、马铃薯等，也都可以生食。不要以为生食一定很难吃，费点心思试一试，说不定你可以做出一盘清脆可口、色彩缤纷、令人垂涎三尺的蔬菜色拉呢！

除了生食，我们还可以用水煮、蒸煮、煎烤的方法来烹煮蔬菜。当然，要煮得既营养丰富，又色香味俱全，需要技术和艺术。

下面是一些烹煮蔬菜的经验之谈：

烹煮蔬菜的时间不宜太长，当以保持最佳色泽和口味为准。因为变色失味也是营养成分分解和丧失的一种表现。

盐会使蔬菜更快的丧失水分和养分，所以最好在起锅时再放。

至于味精、酒、糖、胡椒之类的调味品，还是不放为妙，因为它们不但有损健康，而且破坏了蔬菜的天然味道。试想一下，五花八门的调味品，哪一种味道能比得上每样蔬菜自己独特的滋味呢？

精练的油也有损健康，因为在精练油的复杂过程中，不知多少有害物质被加了进来。可以用硬壳果替代精练油。将芝麻、花生、葵花籽之类的硬壳果炒熟，碾成末，撒在起锅的菜上，既香又健康。

三、蔬菜食用示例

1. 酸甜菜心

材　料：

A. 白菜心。

B. 柠檬汁、蜂蜜适量、盐少许。

做　法：

①将白菜心洗净切丝（纵向切较美观），放入盘中。

②在白菜心上浇上柠檬汁、蜂蜜，撒上盐拌匀上桌。

　2．菇炒豆

材　料：

A．新鲜菇（圆头蘑菇、香菇、金针菇、平菇、凤尾菇都可以）、豌豆豆荚。

B．少许淀粉，少许盐，碾碎的炒花生。

做　法：

①将菇切片（金针菇当切段，平菇、凤尾菇应撕条），将豆荚切段。

②将菇放入锅中，加少量水，煮至菇的香味溢出。

③放入豆荚，翻炒至软，加淀粉勾芡，熄火。

④加盐拌匀，起锅。撒上一些碾碎的炒花生，上桌。

　3．五色菜

材　料：

A．南瓜、马铃薯、香菇、青花菜、西芹。

B．少许盐、碾碎的炒花生。

做　法：

①将南瓜（连皮）、马铃薯（连皮）、青花菜各切成块，香菇切条，西芹梗切段，叶备用。

②将南瓜、马铃薯、香菇倒入锅中，加水，水能盖住菜即可。用大火煮至水开，改用文火再煮，煮至南瓜、马铃薯将熟。

③将青花菜和芹菜梗倒入，开大火煮到收汁，熄火。

④加盐拌匀，起锅。撒上一些碾碎的炒花生，放上芹菜叶上桌。

4．马铃薯泥

材　料：

A．马铃薯。

B．炒花生粉少许，盐少许。

做　法：

①将马铃薯放入蒸锅中蒸熟。

②把蒸熟的马铃薯去皮，捣成泥，加上炒花生粉和盐拌匀。

③将马铃薯泥装盘上桌。

5．烤茄子

材　料：

A．茄子。

B．生花生米一把，面粉少许，葱、蒜各少许，盐少许，番茄酱少许。

做　法：

①将茄子洗净切片，葱切末。

②将生花生米和蒜一起碾碎，撒在茄子上。

③再加少许盐、面粉、葱末，一起混合。注意不必加水，面粉不要太多。

④将茄子铺在烘盘中烘烤至金黄色，翻一面，再烤至金黄色，取出。

⑤食用时淋上番茄酱即可。

6．番茄酱

材　料：

A．新鲜番茄。

B．蜂蜜少许，蒜少许，盐少许。

做　法：

①将新鲜番茄去蒂洗净，放入蒸锅蒸数分钟。

②将番茄和蒜一起用果汁机打匀，倒入碗中。

③加入蜂蜜、盐，拌匀即可。

7．芝麻花生酱

材　料：

A．生芝麻与花生米。

B．蜂蜜少许、盐少许。

做　法：

①将芝麻和花生米分别放在平底锅中用文火炒熟。

②待炒熟的芝麻和花生米降温后，放入搅拌机中打成粉。

③如果是要甜的芝麻花生酱，将芝麻花生粉倒在碗里，加入蜂蜜和盐，搅拌成糊状即可。如果要咸的，还要继续用搅拌机打成黏稠的糊状。倒入碗中，加少许盐，搅拌均匀即可。

8．自制豆芽菜

新鲜的豆芽营养丰富，鲜嫩可口，又很卫生。让我们来学着做！

材　料：

A．绿豆或黄豆若干；

B．2.5千克或5千克装的塑料油瓶一只；

C．盘子一个。

步　骤：

①先将豆子浸泡 8~10 小时；

②将油瓶剪去上半部，在瓶底钻若干个小孔；

③将泡好的豆子放入油瓶中，把油瓶放在盘子上，置于阴凉的地方，保持 20~24℃的温度；

④每隔 4 个小时，用水清洗一次，让水从瓶底流干，再放回原处；

⑤这样过 4~6 天，待豆芽有一寸左右长，就可以食用了。

9．自制豆浆

豆浆营养比牛奶更丰富，但传统的做法太复杂费时，这里介绍一种快速做豆浆的方法，只要两三分钟就可以做成。

材　料：

A．黄豆若干；

B．蜂蜜。

步　骤：

①先将豆子浸泡 8~10 小时；

②将豆子煮熟；

③倒入打浆机内，加适量温开水打成浆，加蜂蜜喝。

四、蔬菜的营养

除了谷物外，甘薯、马铃薯、山药等根类蔬菜也是人体所需淀粉的来源。

除了硬壳果外，豆类、花生、向日葵花籽、芝麻也含有优质的油脂。

豆类、花生、蘑菇、向日葵花籽、芝麻、芦笋、青花菜、结球生菜等蔬菜的蛋白质含量都比较高，是理想的蛋白质来源。

除此之外，蔬菜中含有各种维生素，如维生素 A（可由胡萝卜素转变而成）、维生素 C、B 族维生素、维生素 E、维生素 U、维生素 K 等。

含维生素 A 较多的蔬菜有：胡萝卜、甘薯、南瓜等黄红色蔬菜，大白菜、菠菜、青花菜（叶的含量更高）、甜菜叶等绿叶菜。

含 B 族维生素较多的蔬菜有：花生、向日葵花籽、芝麻、蘑菇、菠菜、青花菜、豆荚、南瓜籽等。

维生素 C 在蔬菜中普遍存在，其中以青椒、番茄、菠菜、青花菜、卷心菜、大白菜、苋菜等尤为丰富。

豌豆、黄豆、芝麻、葵花籽、菠菜、卷心菜中都含有丰富的维生素 E。

卷心菜、菠菜、花椰菜等蔬菜含维生素 K 较多。

除了含丰富的维生素外，蔬菜还是人体矿物质的主要来源。

根类蔬菜含丰富的钾；绿叶蔬菜、芝麻中含有丰富的钙；菠菜、卷心菜、大白菜、甜菜、芜菁叶、芥菜、豆荚、南瓜籽等含有丰富的铁；芝麻、豆类、花生、豆荚等种子里含有较多的磷；海带、紫菜里含有丰富的碘。

蔬菜中还含有大量的纤维素，有利于促进肠胃蠕动，可以起到促进消化和预防便秘的作用。

除此之外，许多蔬菜还有特殊的保健作用。

例如：大蒜有很强的抗菌消炎功能，也有抗癌功效，还可防止动脉硬化。

马铃薯可以中和过多的胃酸，所以胃酸过多时，可以喝一些生马铃薯汁。

用生卷心菜和马铃薯打成浆加蜂蜜喝，治胃溃疡造成的胃痛。

胡萝卜有滋润皮肤、防治夜盲、头发干脆易脱落的功能。

甘薯能促进胆固醇排泄，防止动脉硬化，是极好的防癌食品。

南瓜有效防治糖尿病，还有防癌作用。南瓜籽有驱绦虫和增智的作用。

苦瓜能降血糖，被称为植物胰岛素，对防治糖尿病有较好效果。

黄瓜有减肥和抑制血糖升高的作用，糖尿病人应该多吃。

茄子有利尿、止血、解毒的作用，把茄子捣烂，用醋调匀外敷，可消除无名肿痛。

如果你想进一步了解蔬菜的营养和保健作用，请参阅《常见蔬菜的营养和食疗功效》。

第三节 储 藏

如果菜种的比较多，一时吃不完，就要想办法将菜储藏起来。如果是在北方，冬季寒冷而漫长，不能种什么菜，秋季就要做充分的储藏，以备蔬菜匮乏的严冬之用。所以，让我们来学习怎样储藏蔬菜。

在自然状态下，有的蔬菜坏得快，有的蔬菜却能保存得久一些。

豆荚、芦笋、菠菜、空心菜、生菜之类的菜比较容易坏，一般只能放 1~2 天的时间。青花菜、花椰菜、卷心菜、洋葱之类的蔬菜可以储藏 2~3 周的时间。而像马铃薯、胡萝卜、白萝卜、甜菜、南瓜、芹菜、大白菜之类的蔬菜则可以储藏比较长一些时间。

储藏蔬菜时，温度和湿度是关键，不同蔬菜对此要求不一样。

储藏不同蔬菜对温度和湿度的要求：

类别	储藏方法
阴冷特潮湿型 温度在0~4℃ 湿度在90%~95%	胡萝卜、甜菜、白萝卜、芹菜之类的蔬菜，需要保存在低温和特别潮湿的环境中 可以将这一类蔬菜埋在潮湿的沙子里保存
阴冷潮湿型 温度在0~4℃ 湿度在80%~90%	马铃薯、大白菜、卷心菜、花菜之类的蔬菜，需要低温和一定的湿度，但不要太潮湿 可以将马铃薯放在储藏室里保存；而大白菜、卷心菜和花菜的气味比较浓，可以放在户外挖的白菜沟里保存。如果大白菜是连根拔出的，把根插在沙中，可以保存更长一些时间
凉爽、干燥型	洋葱、豆类、花生之类的蔬菜，要求干燥、凉爽的环境 洋葱采收后要先晾上7~10天，再放在通风、干燥的架子上保存，或是装在透气的麻袋和木条筐里，放在通风、干燥的地方保存 至于豆类和花生要先晒干，然后放在干燥、密封的器皿里保存
温暖、干燥型 5~10℃	南瓜之类的蔬菜，要求温暖、干燥的环境 最好放在通风的架子上，彼此不要接触

在北方，几乎家家户户都有地下储藏室，那是储藏蔬菜的好地方。储藏室里要注意温度、湿度和通风。另外，人们也喜欢把大白菜、卷心菜、花菜和芹菜等气味很浓的蔬菜，放在户外挖的白菜沟里保存。

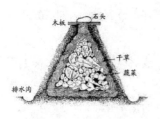

两种白菜沟

除此之外，我们还可以将吃不完的蔬菜做成干菜，既耐嚼，又香醇，是一种别有风味的美食。做法是：拣好而嫩的菜，洗干净，切丝、切丁或切成块。然后置于蒸锅中蒸数分钟，或者放在滚沸的开水中烫数分钟，以停止酶的活动。然后将菜沥干，放在阳光下晒干保存。

各种干菜制作法

蔬菜名称	做法	最高温度
甜菜	洗净；根据大小，蒸45分钟至1小时不等；去皮，切丁；晒干保存	65℃
胡萝卜	洗净；去皮；切丝；蒸5~7分钟；晒干保存	70~75℃
芹菜、香草及其他类	摘除黄叶；洗净沥干；晒干保存	65℃
洋葱、大蒜	切片或切条；晒干保存	70~75℃
青椒	去籽；切丝；晒干保存	70~75℃
南瓜	去籽；切条（不超过半厘米厚）；蒸5~7分钟；晒干保存	70~75℃
菠菜及其他绿叶菜	摘除黄叶；洗净沥干；蒸2~5分钟；晒干保存	65℃
白萝卜及大头菜	洗净；去皮；切丝；蒸6~10分钟；晒干保存	65℃

注：如果用开水烫，烫的时间只要蒸的时间的2/3就可以了

我们还可以将吃不完的蔬菜，做成罐头菜，慢慢享用。做法是：

（1）蔬菜采收回来后，马上拣好而嫩的菜，剔除黄叶、烂叶，洗净沥干。

（2）将菜切成条，或切成块，或剥壳去皮，就像要拿去煮一样。

（3）将罐头瓶放在高压蒸锅中加热消毒。

（4）将菜放入滚沸的开水中烫数分钟，或置于蒸锅中蒸几分钟，使菜的温度达到80℃。

（5）将菜装入消毒过的罐头瓶中，添满菜汤，放入蒸锅中再略微加热，将气泡排挤出来。

（6）最后盖上瓶盖，用蜡封口，降温后保存。

我们也可以将吃不完的蔬菜放在冰柜里冷藏。不过且慢！不要以为，这只要将菜从地里抱回来，一股脑堆到冰柜里去就行了。如果是那样，不出一个月，菜即使没有臭烂掉，也会失去大部分的营养。

冷藏蔬菜可有一套考究的工序呢。这是大致的做法：

（1）蔬菜采收回来后，要马上处理。先挑出好而嫩的菜，剔除黄叶、烂叶，洗净沥干。

（2）将菜切成条，或切成块，或剥壳去皮，就像要拿去煮一样。

（3）然后将菜放入滚沸的开水中烫数分钟，或者置于蒸锅中蒸几分钟，取出。

（4）放在水龙头下或冰水中降温，沥干。

（5）将处理好的菜立即装入塑料袋、玻璃瓶、纸袋等容器中，轻轻将空气挤出，封口。

（6）贴上标签，注明日期、蔬菜名称，然后放入冰柜冷藏。这样处理过的蔬菜可以保存8~12个月，而且营养损失比直接冷藏要小得多。

附录　常见蔬菜营养及食疗功效

番茄，又称西红柿	含有多种维生素（A、B$_1$、B$_2$、C、P）及番茄素、胡萝卜素、柠檬酸等。番茄素对多种细菌有抑制作用，而且能帮助消化。由于富含维生素C和P，能增强人体抵抗力，可防治感冒和皮肤过敏。又因富含维生素A，有护肤作用。最新研究发现番茄红素是很强的抗氧化剂，有抗癌作用，但只能溶于油脂，因此要将番茄炒成菜吃，才能起作用
茄子	含有多种维生素，尤其富含维生素P，每千克紫茄含维生素P高达7 200毫克。维生素P能增强人体微血管弹性，防止微血管破裂出血，促进伤口愈合。食用茄子可防治牙龈出血等病。 将新鲜茄子捣烂，用醋调匀，敷在患处，可治无名肿痛
马铃薯，又称土豆	富含淀粉及纤维素，可治习惯性便秘。 马铃薯的蛋白质含量虽不及大豆多，品质却比大豆好，因为马铃薯的蛋白质中富含赖氨酸和色氨酸，容易被人体吸收。 马铃薯为碱性食物。如因胃酸过多而胃痛，将生马铃薯打成浆喝，可中和胃酸。另外，马铃薯的纤维素细嫩，对胃肠黏膜没有刺激作用，可以减少胃酸分泌，减轻胃痛。 发芽的马铃薯含龙葵素，会导致中毒，不可食用
青椒，辣椒	青椒个大肉厚，甜而不辣，富含维生素C和维生素P，适合生食。 辣椒个小辛辣，富含辣椒素，能刺激心脏跳动，加速血液循环，使人体发热出汗，对风湿症和冻伤有一定疗效。可将辣椒油涂在患处，摩擦直到发热。 患炎症者，如喉痛、痔疮、胃溃疡等，忌食辣椒
豌豆	干豌豆含淀粉58%，脂肪1%，蛋白质24.6% 新鲜豌豆荚富含蛋白质及多种维生素（B$_1$、B$_2$、B$_3$、B$_6$、E、H）。因含B族维生素丰富，有助于维护神经系统健康，消除身心疲劳；有助于形成抗体，可消肿解毒，治口疮，除口臭
大豆，又叫黄豆	干大豆含淀粉30%，脂肪20%，蛋白质39%，且含多种维生素（B$_1$、B$_2$、B$_5$、E、F、K等）。大豆还富含卵磷脂，可清除血管壁上的胆固醇，使血管软化，防治动脉硬化。 500克干大豆蛋白质含量相当于1千克多瘦肉，或1.5千克鸡蛋，或6千克牛奶的蛋白质含量。大豆中含钙量不仅高于牛奶，而且更容易被人体吸收，是补钙的良品。所以，吃黄豆和豆制品比吃肉好，喝豆浆胜于喝牛奶

花生	干花生仁含淀粉16%，脂肪46%，蛋白质30%，且含多种维生素（B_1、B_5、B_6、F、K 等），以及卵磷脂、胆碱、肌醇等。其营养胜过肉、蛋、奶。 花生油中含丰富的不饱和脂肪酸，是较好的食用油。 卵磷脂、胆碱、肌醇对脑细胞非常重要，能防止胆固醇聚集，打通脑血管堵塞。 花生还可以降血压。花生衣含维生素K，能促进凝血，对多种出血症，如消化道出血、牙龈出血，以及血小板减少引起的出血都有疗效。 不过，花生受潮易发霉而产生致癌的黄曲霉，所以食用前要注意剔除变质花生
丝瓜	富含植物黏液和木糖胶，可清热化痰，凉血解毒，对治疗痰喘咳嗽，乳汁不通，身热烦渴，肠风痔漏等症有一定疗效。 丝瓜富含维生素B1，对小儿大脑发育，及中老年人保持大脑健康有益。 丝瓜籽有驱蛔虫的作用。新鲜丝瓜切片外涂可治痱子
黄瓜	含多种维生素（B_1、B_2、C、E 等）及黄瓜酶、丙醇二酸和膳食纤维素。其中丙醇二酸可抑制糖类转化成脂肪，因此黄瓜有减肥作用。糖尿病人以黄瓜代粮，血糖不会升高，反会降低。 黄瓜生食、熟食均可，但因含黄瓜酶能分解维生素C，所以不宜与富含维生素C的果蔬同食，如番茄等
苦瓜	含多种维生素（B_1、B_{17}、C 等）及粗纤维和苦瓜素，有清心明目、清暑热解劳乏的作用。含有 B_{17}，对癌细胞有杀伤力，是很好的抗癌食物。因含苦瓜皂甙，能降血糖，有类似胰岛素的作用，因而被称作"植物胰岛素"，对防治糖尿病有较好的效果
南瓜	含丰富的胡萝卜素。因含有葫芦巴碱、腺嘌呤、甘露醇成分等，能促进人体胰岛素分泌，可有效防治糖尿病。 南瓜籽富含维生素（B_6、B_{15}），炒熟常食，有益脑增智的功效
大白菜	含多种维生素（A、B_6、C、D 等），含粗纤维、核黄素，还含钙、磷、铁等矿物质。因含维生素B6，有利尿作用。因含大量粗纤维，有助消化和通便。 大白菜还有抗氧化作用，可作防癌食物
花椰菜，又称花菜	含多种维生素（B_5、B_6、C、H、M 等）。因含维生素 B_5，有助于增强人体抵抗力，防止细菌感染。因含维生素 B_6，可增进神经、骨骼和肌肉系统正常功能，也有利尿作用。因含维生素 H，可防治发白和秃头、湿疹和皮炎。因含维生素 M，可增加乳汁，促进食欲。 含萝卜硫素，能杀死引起胃溃疡及胃癌的幽门螺杆菌。 古代西欧人曾把花椰菜称为上帝赐予的药物
卷心菜，又叫包菜	含丰富的维生素U。但是当温度高于50℃，维生素U就会分解。生食，对胃溃疡和十二指肠溃疡有止疼作用，并可促进溃疡面愈合。与马铃薯一起打成浆，加蜂蜜服用，效果更好
萝卜	维生素C含量比梨高8~9倍，所以有"萝卜赛梨"的说法。中医认为萝卜有帮助消化、止咳化痰、生津利尿的作用，所以民间有"十月萝卜赛人参"的说法。不过，清晨早起不宜吃生萝卜，以免伤脾胃

胡萝卜	含糖量高于一般蔬菜，特别富含胡萝卜素。胡萝卜素是一种抗氧化剂，具有抗癌功效。胡萝卜素在人体内可转变成维生素 A，对上皮细胞有滋润营养作用，可防治夜盲症、眼干燥症、皮肤干燥、头发干脆易脱落等病症。 胡萝卜还含有丰富维生素 M 和肌醇。维生素 M 是天然止痛剂，可防治口舌生疮。肌醇是形成卵磷脂所必需的，对脑细胞营养非常重要。因此民间称胡萝卜是"土人参"
芹菜	含多种维生素（B_1、B_2、C 等）、纤维素及钙、铁等矿物质。 芹菜的叶比茎更有营养。等量的芹菜叶与茎相比，维生素 B_1 高 4 倍，维生素 B_2 高 4.5 倍，维生素 C 高 5 倍。 中医认为芹菜有健胃、利尿、调经、降血压、镇静、补钙、补铁的作用。 芹菜生食、熟食均可，熟食不宜煮得太烂，以免破坏维生素
葱（包括洋葱、香葱、大葱）	含大量挥发油，有杀菌作用。当挥发油经过呼吸道、汗腺、尿道时，能刺激管道壁的分泌物，而起发汗、祛痰、利尿的作用，所以可治风寒感冒，喉咙疼痛等病症。 洋葱因含前列腺素，有降血压的作用。洋葱还含槲皮酮，可防止动脉硬化，减少血栓形成。 立春前后的葱是一年中营养最丰富的
大蒜	含多种维生素（A、B_1、B_2、C 等）及大蒜素。现代医学研究证明，大蒜素抗菌能力强而广，对痢疾杆菌、大肠杆菌、金黄色葡萄球菌均有较强的抑制作用，还可杀灭真菌。大蒜素还能阻止动脉血管中血栓的形成，并可降低胆固醇，防治动脉硬化。 大蒜可抑制人体内亚硝酸氨的合成，从而降低胃、肠癌的发病率。而且大蒜中含有抗癌不可缺少的微量元素锗和硒，在抗癌蔬菜中名列前茅
甘薯，又称番薯	富含淀粉、糖类。每千克含糖 256 克。因含有胶原和黏液多糖之类的物质，能增强血管壁的弹性，促进胆固醇排泄，可防止动脉硬化。 又因富含纤维素，通便效果极好，可防治便秘和结肠癌。 因含脱氢异雄固酮，在抗癌蔬菜中名列前茅。 甘薯还是健美食品，常食可保持皮肤细腻，延缓衰老。用切面渗出的乳汁擦涂皮肤，可使皮肤白嫩。 甘薯中含淀粉酶，在储存期间能将淀粉转换成麦芽糖，使甘薯味更甘甜，营养价值更高。 甘薯要连皮食用，更有营养
向日葵籽	含淀粉 14%，脂肪 51%，蛋白质 23%。葵花籽油 100% 是不饱和脂肪酸，是极好的食用油，能促进细胞再生，促进胆固醇代谢，有助于清除血管壁上的沉积物，防止动脉硬化。 因富含维生素 E，有抗衰老的功效。又因含维生素 B_3、维生素 B_5，有护肤及防止疲劳的作用。 因钾的含量高，可排除人体内多余的钠，而起到防治高血压的作用。 每日早晚吃一把生葵花籽，配服芹菜汁半杯，防治高血压效果更好

山药	含淀粉、糖类、胆碱、黏液质、精氨酸等成分。中医认为山药有补脾胃、长肌肉、止泄泻、治消渴（即糖尿病）等作用。 山药可降血糖，糖尿病人经常食用，有较好的疗效。 脾胃虚弱，消化不良者，可用山药、莲子、芡实，加少许冰糖，一起煮食，可改善消化功能。 山药含淀粉酶，可分解成蛋白质和糖类，有滋补作用，但持续高温则丧失功效，所以不宜久煮
芝麻	含淀粉11%，脂肪58%，蛋白质22%。 芝麻油中40%为不饱和脂肪酸，易被人体吸收利用，是很好的食用油，还可促进胆固醇代谢，有助于清除血管壁上的沉积物，防止动脉硬化。芝麻油还富含维生素T，可作凝血剂；含维生素B5，有促进肌肉生长、加速伤口愈合的作用。 此外，芝麻油能增强声带弹性，保护嗓音。歌唱者演唱之前，如喝一口芝麻油，能使嗓音圆润，发音省力。芝麻油还有润肠通便的作用，习惯性便秘者早晚空腹喝一小口芝麻油，有意想不到的疗效。 芝麻富含卵磷脂，是益脑增智食物。将黑芝麻、百合干、核桃仁与粳米煮成增智粥，思维迟钝、记忆力减退伴有肾虚腰痛者食用极好
菠菜	菠菜叶含多种维生素（A、C、E、K等）及矿物质钾。菠菜根含铁量较高，应将根与叶一起食用。 因含维生素E可延缓细胞老化，可减少记忆力衰退。因含维生素K，可防止人体内出血，减少经期大量出血。因富含钾，可调节人体内钠、钾平衡，以免体内含钠过高而患高血压
姜	含姜辣素，对心血管、心脏以及呼吸中枢均有兴奋作用，可使血管扩张，血流加快，对心血管系统疾病有辅助疗效。 因含油树脂，能阻止肠道吸收胆固醇，加速胆固醇排泄，可防治动脉硬化。 生姜腐烂后可产生黄樟素，食用会造成肝细胞中毒，所以切不可吃腐烂的姜
莲藕、莲子	富含淀粉、糖类、维生素C与B族维生素，以及钾等矿物质。 因富含单宁酸，有收敛作用，可收缩血管，止血止泻，可治各种出血症，如吐血、产后血闷等病症。 现代医学研究证明，莲子具有镇静、强心、安神、抗衰老的作用。 藕和莲子都因富含钾，有利于人体维持钠钾平衡，维护神经系统活性，保持大脑工作效率
荸荠	含有蛋白质、脂肪、胡萝卜素、维生素B、维生素C，并含钙、钾、钠等矿物质。含有荸荠酸、生物碱、黄酮等成分。 有止血、清热、利尿的作用。可治吐血、尿血、痢疾、血漏等病症

主要参考文献

王莅，朱鑫，王俊杰 . 2014. 容易上手的家庭蔬菜种植 [M]. 天津：天津科
    技翻译出版公司 .

杨维田，刘立功 . 2011. 豆类蔬菜 [M]. 北京：金盾出版社 .

宗静，商磊 . 2014. 50 种名特蔬菜栽培技术问答 [M]. 北京：中国农业出
    版社 .